JN120314

考え抜く 算数教室

小学3年から

MEGURI Masakazu
廻 正和

文芸社

はじめに

日々の算数の授業が、何かものたりないと感じていませんか？　その原因は様々だと思いますが、授業が形式的に進み、公式的に内容を覚えて適用していくような授業を受けているからかもしれません。自ら考えたくなるような疑問をもち、じっくり考え、説明したり議論したりしながら学びを進めたいと感じている人もいるでしょう。

また、塾などで学習していて、もう学校でやることがわかっているからという人もいるでしょう。本当の意味でわかるということはもっと深いところにあるのかもしれません。たとえ知識として先に知っていたとしても、学校の授業でみんなで考えたくなるように学びが展開され、そのプロセスで様々な知恵を体得しながら、創造的に学ぶことができれば、教科書の学びも豊かなものになるかもしれません。

この本を手にとった人の中には、算数の学びを深めるために塾に行きたいけど、近くに塾がないとか、事情があって塾に通えないという人もいるでしょう。そんな人に学びの機会を提供したいとも思いました。あるいは、何か事情があって学校に行けないという子に、授業を受けたのと同じような学びを届けたい、そう思って書きました。

算数を教える先生にもぜひ読んでいただき、授業について共に考えるきっかけとなればと思います。

本書を出版するにあたって、ご指導くださった文芸社のみなさまに深く感謝申し上げます。

廻　正和

目　次

3年生 ―――――――――――――――― 9

かけ算 ………………………………… 10

　(1) 九九表にない数　10

　(2) 九九表にある数　13

　(3) かけ算のきまり　18

　(4) 0のかけ算　21

時刻(じこく)と時間 ……………………………… 24

わり算 ………………………………… 28

　(1) わり算の2つの意味　28

　(2) 0のわり算　30

　(3) わり算と倍　31

あまりのあるわり算 ……………………… 33

　(1) 包(つつ)み紙の問題　33

　(2) 部屋割(へやわ)りの問題　36

　(3) かさ立ての問題　39

　(4) 食べかけは何個？　40

小　数 ………………………………… 42

　(1) はしたの表し方　42

　(2) じゃんけんゲーム　44

円と球 ………………………………… 46

　(1) 同じ大きさの円をかこう　46

　(2) 円の重なりは？　49

　(3) 柵(さく)の問題　53

分　数 ………………………………… 56

4年生 59

わり算の筆算 …………………………………… 60
(1) 何十、何百のわり算 60
(2) 1けたでわるわり算の筆算 62
(3) 何十でわるわり算 64
(4) 2けたでわるわり算の筆算 66
(5) わり算のあまり 67
がい数 …………………………………………… 68
(1) 四捨五入 68
(2) 上から○けたのがい数 69
(3) 約3000ってどんな数？ 71
工夫して数えよう ……………………………… 72
面　積 …………………………………………… 75
(1) 広さの表し方 75
(2) ピックの定理 78
(3) 芝生の面積 81
変わり方 ………………………………………… 83
(1) 正方形の階段 83
(2) 切　手 85
(3) パンケーキの問題 89

5年生 ———— 91

小数のわり算 …… 92

(1) 小数でわるってどういうこと？ 92

(2) わり算のあまり 96

ペッグゲーム …… 98

整　数 …… 102

(1) 偶数と奇数 102

(2) ハノイの塔 104

(3) 50までの数の約数 111

(4) ユークリッドの互除法 113

単位量あたりの大きさ …… 117

(1) 混み具合 117

(2) 牛乳の問題 121

速　さ …… 123

(1) 問題づくり 123

(2) トンネルから脱出できるか 125

分数のたし算ひき算 …… 129

(1) 大きさの等しい分数をつくろう！ 129

(2) 分数の大きさ比べ 132

(3) 分数のたし算 133

割　合 …… 135

(1) 割合とは？ 135

(2) 消費税の計算 139

(3) 割引きが先？　消費税が先？ 141

(4) ポテトチップスの増量 142

面　積 ………………………………… 145
(1) 四角形の枠 145
(2) 袋にピッタリ入った紙 147
(3) 平行四辺形の面積 150
(4) 長方形の中の三角形 153
(5) 長方形から点が出た場合 156
(6) 土地の面積 159

6年生 ―――――――――――――― 165

並べ方と組み合わせ方 ……………………… 166
(1) 並べ方の調べ方 166
(2) 同じものを省略する 169
(3) いくつか並べる（全部並べない） 173
(4) 同じものが並ぶ 178
(5) 組み合わせ 180
(6) 校外学習の経路 184
(7) ワールドカップの予選 188
分数の計算 ……………………………… 191
(1) 分数×整数 191
(2) 分数÷整数 194
(3) 分数×分数 197
(4) 分数÷分数① 200
(5) 分数÷分数② 203
(6) 1より小さい数でわると 206
(7) あまりがあったら 208
体　積 ………………………………… 210

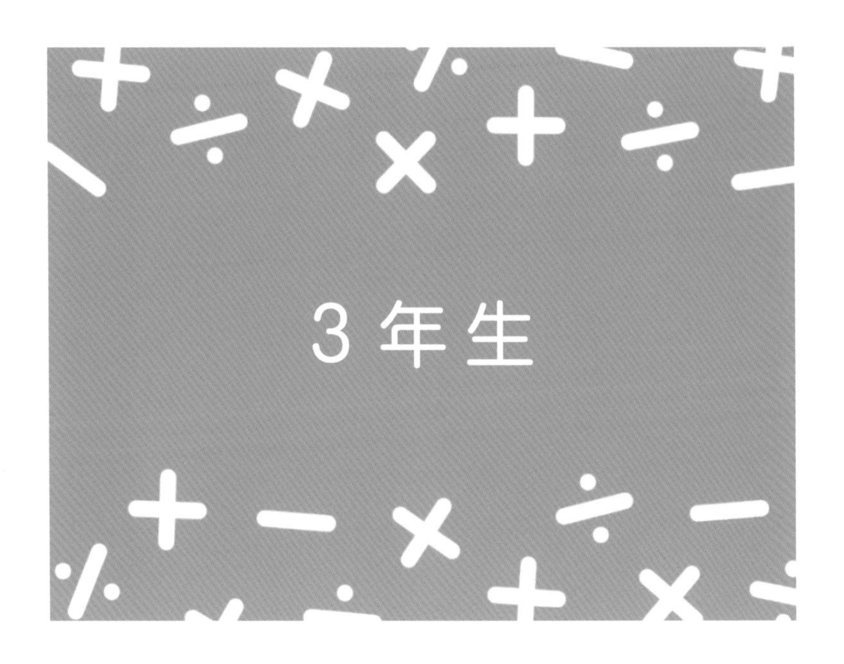
3年生

かけ算

（1）九九表にない数

	1	2	3	4	5	6	7	8	9
1	1	2	3	4	5	6	7	8	9
2	2	4	6	8	10	12	14	16	18
3	3	6	9	12	15	18	21	24	27
4	4	8	12	16	20	24	28	32	36
5	5	10	15	20	25	30	35	40	45
6	6	12	18	24	30	36	42	48	54
7	7	14	21	28	35	42	49	56	63
8	8	16	24	32	40	48	56	64	72
9	9	18	27	36	45	54	63	72	81

九九表にない数

11、13、・・・

これは九九表です。今日は九九表にない数を探してみよう。いちばん最初は11だね。次は13と探していく。さあやってみよう。

81までの数で九九表にない数は何個あった？　「46個」46個？合っているかな。確かめてごらん。

できた？　何個だった？　「45個」じゃあ、いっしょに書き出していこう。13の次は？　「29」29もないけど、いくつかとばしちゃってるよ。バラバラに探していくのがいいのかな。小さいのから順番に見つけていく方が、漏れ落ちがないか確認できるね。間違いがないかを確認するためにも、やっぱり29ととばない方がよいと思います。ですから11、13の次は？　「17」そうだね。

今、46個と答えた人が何人かいたけど、正解から言うと45個です。どこに間違いがあるかを自分で確かめられるということは大事なことです。あるいは44個しかないという人は、何が足りないかを確かめられる、そういうことが自分でできるようにするために学んでいる。今はＡＩなどがあるから、合っているかをコンピュータで判定できるかもしれない。あるいは、低学年の頃は、先生に“合ってる？”と見てもらって丸をもらっていたかもしれない。だけど先生に、“答えこれだよ”って教わるのと、自分で正解までいって、これが正解だと確認できるのと、どっちがよりよいか。自分で間違いに気付いたり、足りないものに気付いたりできるのはよりよいことですね。かしこいと思います。そういうことができるようにしていく必要がありますね。

では、17の次は？　「19」19はなさそうだね。次は？

「22」22はありそうだけどないね。

11、13、17、19、22、23、26、29、31、33、34、・・・

・・・、53、

次は「23」おっ！　ここは連続しているね。次は「26」、次は「29」、次は「31」まだある？　「33」次は？　「34」また続いた！とびとびで、時々続くね。「3連続もある」えっ？　3連続も出てくるの？“あっ、続くこともあるな”“3連続もあるな”って気付ける人はすばらしい。じゃあ4連続は？　5連続は？　と考えるのはいい視点だよね。そういうことを考えようと思った人はかしこいです。

「6連続もある！」「最長で8連続！」そうなの？　じゃあ、確かめていこう！　次は「53」「えーっ！」「とんだ」とんじゃった？　じゃあ、53は少し空けてこのへんに書いとくね。34の次は「37」「38」「39」「3連続ができてる！」。次は「41」「43」「44」「46」「47」「49」、「49はしちしちだからあるよ」。じゃあ、間違って書いちゃった人は×しておけば消さなくていいからね。間違いを消しゴムで消すより、確認して“あーこれちがった”と×を書いておく方がいいよ。“あっ間違った！”と消しゴムで消して間違ったことを無かったことにしたら勉強したことが無くなるね。間違いからも学んでいこう。次は「50」50も？　そんなぴったりの数もないの？　「だって5の段が45までだから」そういうことか。「51」「52」「53」「55」「57」「58」「59」「60」「61」「62」「6連続だ」「65」「66」「67」「68」「69」「70」「71」、これも「73」「74」「75」「76」「77」「78」「79」「80」「81は9×9」じゃあ、これでおしまいだね。ここが8連続で最高記録だね。結局全部でいくつかな。数えてみよう。

合計で45個でした。「やった！　合ってた！」

それでは学習したことを振り返ろう。どんなことが大事だと思った？　「順番に書いた方がよかった」なんで？　「確かめをしやすい」「間違いを探しやすい」そうだね。他には？　「連続する数があった」そうだね。そういうふうにきまりを見つけられるのはすばらしいね。

九九表にない数

11、13、17、19、22、23、26、29、31、33、34、37、38、39、41、43、44、46、47、50、51、52、53、55、57、58、59、60、61、62、65、66、67、68、69、70、71、73、74、75、76、77、78、79、80

(2) 九九表にある数

	1	2	3	4	5	6	7	8	9
1	1	2	3	4	5	6	7	8	9
2	2	4	6	8	10	12	14	16	18
3	3	6	9	12	15	18	21	24	27
4	4	8	12	16	20	24	28	32	36
5	5	10	15	20	25	30	35	40	45
6	6	12	18	24	30	36	42	48	54
7	7	14	21	28	35	42	49	56	63
8	8	16	24	32	40	48	56	64	72
9	9	18	27	36	45	54	63	72	81

これは九九表です。1から81までの数で、ない数は45個あったね。今度は九九表にある数を考えていこう。1から81までの81個の数で、ない数が45個だから、81−45＝36で、ここにある数は36個。九九表には81マスあるのに36個しか数がないよ。「同じ数があるから」「ろくに12と、さんし12みたいに」2回出てくる数があるんだね。「4回出てくるのもあります」4回もあるの？　じゃあ、3回はないな。「ない……」「あるよ！」えっ、あるの？　じゃあ、探してみよう。ちょっと時間とるよ。

九九表にある数

1回

2回

3回

4回

「5回はない」5回出てくる数は存在（そんざい）しないそうです。本当かな？　「だけど1回ならある」「2回出てくる数はいっぱいある！」1回の数はいっぱいありそうだけど、実は少ししかないね。「1個しかない数は81」81だけ？　「81だけじゃないけど、81はすぐわかる」「1も」「しちしちとか同じ数のかけ算は1個しかない！」「1個または3個じゃない？」「ににんが4は、いんしが4としいちが4で3個ある」九九表に書き込（こ）みながら探している人がいるよ。

すばらしい！　終わった人は、全部で36個っていうのがわかっているから確かめをしよう。

それでは、みんなで見ていくよ。そもそも、どうやって探していくのがいいか。どうやるのがよりよいのだろうか。さっき意見の出ていた1個しかない数から確認しますね。1個しかない数は？「1」「81」この時点で、どうやってやっているんだろう？　1は1個しかない。“そりゃぁそうだ”と思わないですか？　くく81も1個しかない、これもすぐわかるね。そういうものから考えるのはかしこい。簡単なものを先に処理しちゃうんです。後はどれとどれ？「64」64もです！　もうこれ気付きませんか？　何に気付いた？「斜めの線」そういうことに気付くのはいいね。“あー、確かにそうだな”と思いますよね。前回もきまりについて出てきたけど、きまりを見つけて効率よく考える人はかしこいね。この問題、もうぐちゃぐちゃになっちゃって、整理できていないという人は間違っちゃうかもしれない。それに対して、今みたいに、まず1、次に81はすぐわかる。あと64、ひょっとして斜めにあるんじゃないかと気付いて、後はこれとこれとこれ、と1回しかない数をさっと終わらせる。そうやって考えられる人はよりよいですね。他に1回しかない数は？「25」まだある？「ににんが4」ににんが4は1回しかない？「もっとある」あるね。ににんが4は斜めのところだけど、斜めのところが全部1回というわけではないということに気付きますね。4はここにもある。そう

	1	2	3	4	5	6	7	8	9
1	1	2	3	4	5	6	7	8	9
2	2	4	6	8	10	12	14	16	18
3	3	6	9	12	15	18	21	24	27
4	4	8	12	16	20	24	28	32	36
5	5	10	15	20	25	30	35	40	45
6	6	12	18	24	30	36	42	48	54
7	7	14	21	28	35	42	49	56	63
8	8	16	24	32	40	48	56	64	72
9	9	18	27	36	45	54	63	72	81

すると4は？　「3回」だね。4は、3回のところに書いておこう。“斜め全部が1回じゃないから気を付けて見ていこう”って思いますね。1回のものはあとはどれか処理してしまおう。1回はどれですか？　「36」36は1回しかないですか？　間違えても大丈夫だよ。間違えたら気を付けるようにすればいい。36は赤なのか、青なのか。「青」36はろくろく以外に？　「しく36」「くし36」36は3回だね。“斜めに見ていったら時々3回だな”ってわかるね。こんなふうに鉛筆だけじゃなくて色を分けた方がわかりやすいね。あとはどう？　9は？　「3回」、16は？　「3回」49は？　「1回」、1回しかないのは全部で5個だね。3回は、4、9、16、36がある。

	1	2	3	4	5	6	7	8	9
1	1	2	3	4	5	6	7	8	9
2	2	4	6	8	10	12	14	16	18
3	3	6	9	12	15	18	21	24	27
4	4	8	12	16	20	24	28	32	36
5	5	10	15	20	25	30	35	40	45
6	6	12	18	24	30	36	42	48	54
7	7	14	21	28	35	42	49	56	63
8	8	16	24	32	40	48	56	64	72
9	9	18	27	36	45	54	63	72	81

1回　1、81、64、25、49

2回

3回　4、36、9、16

4回

さあ、次は何をしようか？　続きを自分で考えてみよう。終わった人は何をしたらいい？　自分で合っているか確かめるといいね。合っているかを確かめるのは先生ではなくて自分の方がいいよね。

2回出てくるのを探すのと4回出てくるのを探すのは、どっちを先にやるのがいいですか？　「4回」そうですね。4回の方が都合がよさそうです。なぜですか？　「2回が多いから」「4回が少ないから」少ない方を先に処理する方がいいと考えたんだね。例えば“12は2回だなと思って書いたら、やっぱり4回だった”ということになる。先に2回を探したらこういうふうに、“やっぱりちがった”となることがあるから先に4回をやっちゃった方がよい。そういうふうに気付いた人もいるね。何を先にやった方が間違いが少なくなるか、そういうことを考えられるとよいです。12は4回。4回出てくるのはあとはどれ？　「6」あとは「8」まだある？　「18」まだある？　「24」まだある？　「もうない」4回出てくる数は5個だね。

じゃあ、3回出てくるのを終わらせちゃえば残ったのが2回出てくるのだね。3回のはさっき、4、9、16、36までやったから、他に3回ってどれ？　「もうない」もう終わりか！　4個しかなかった。じゃあ、今、丸がついてないのが全部2回だ。順番に拾って行こう。2、3、5、7、10、14、15、21、27、20、28、32、30、35、40、45、42、48、54、56、63、72、全部で22個だね。

	1	2	3	4	5	6	7	8	9
1	1	2	3	4	5	6	7	8	9
2	2	4	6	8	10	12	14	16	18
3	3	6	9	12	15	18	21	24	27
4	4	8	12	16	20	24	28	32	36
5	5	10	15	20	25	30	35	40	45
6	6	12	18	24	30	36	42	48	54
7	7	14	21	28	35	42	49	56	63
8	8	16	24	32	40	48	56	64	72
9	9	18	27	36	45	54	63	72	81

1回　1、81、64、25、49　・・・5個

2回　2、3、5、7、10、14、15、21、27
20、28、32、30、35、40、45
42、48、54、56、63、72　・・・22個

3回　4、36、9、16　　　　　　　　・・・4個
4回　6、8、12、18、24　　　　　　　・・・5個

5＋22＋4＋5＝36になるね。これで全部だ。

今日の振り返りをしよう。「1回しか出てこない数は九九表の斜めのところにあった」「3回出てくる数も1〜81の斜めの中にある」「2回出てくる数は向かい合わせになってる」九九表は1〜81の斜めの数を軸（じく）に対称（たいしょう）ですね。

(3) かけ算のきまり

前回の終わりに2回出てくる数は向かい合わせになっているという意見があったね。向かい合わせになってるのは2回出てくる数だけかな？　「全部」そうだね。九九表は全体的に向かい合わせになっているともいえるけど、何でだろう？

九九表を図に表してみるとこんなふうになるよ。

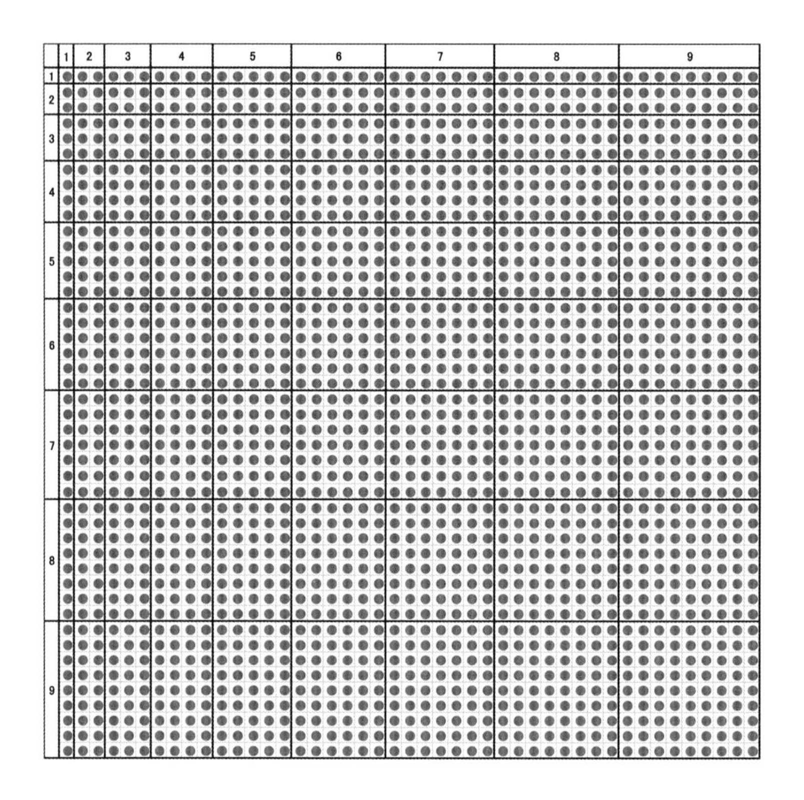

例えば15だったら、3×5と5×3のことだね。この2つは図で表すと、

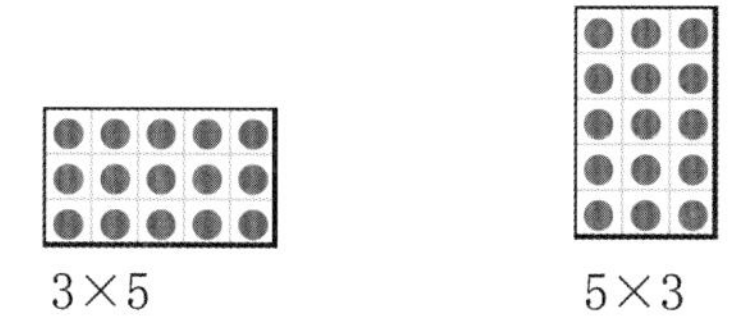

「向きがちがうだけ」そうだね。見方を変えれば、等しいことは明らかだね。だから、かけ算ではかけられる数とかける数を入れかえても答えは同じだということがいえるね。

○×△＝△×○

それでは、2×3×4みたいな3つの数のかけ算でも順番を変えていいのかな？　これは、立体的に説明することもできるけれども、今回は場面で考えてみよう。

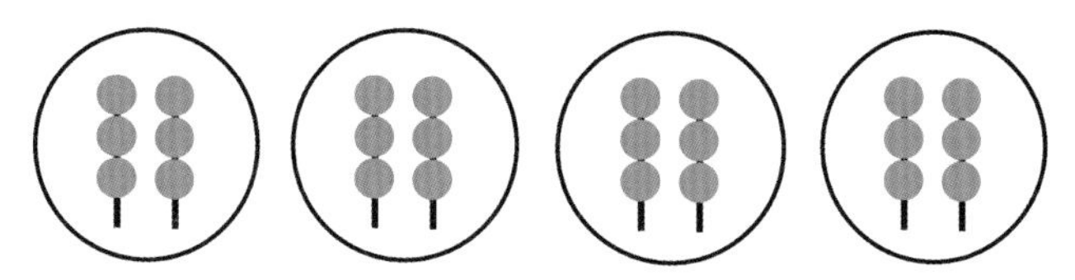

この団子の数は全部でいくつかな。こんなふうに計算してみたよ。

やり方①

3×2=6

6×4=24

やり方②

2×4=8

3×8=24

やり方は同じですか？　「ちがう」何がちがうのか。まず左のやり方①の3×2は何をしているの？　「3個ずつささっている団子が1皿に2本あるから6になる」なるほど。短くいうと何を求めているといえる？　「1皿分の団子の数」はじめに1皿分の団子の数を求めているんだね。次に何してる？　「4皿分だから4倍し

ている」そうだね。

これに対してやり方②はどうかな？　「まず、くしの本数を計算している」それで？　「1本に3個だから8本分で8倍している」

そうだね。言葉の式にすると、1本の団子の数×くしの本数と表せるね。団子の数を求める計算はやり方①と②のどちらでやることもできます。

では、1つの式で表していってみよう。やり方①は始めに3×2をして、それを4倍したから$(3\times2)\times4$と表せるね。やり方②はどうかな？　$3\times(2\times4)$だね。ちなみにやり方②は$(2\times4)\times3$でもいいの？　「ダメ」誰か説明できる？　「$2\times4=8$で8×3になっちゃうから」やり方②は8×3になったら何でだめなの？「そしたら8を3個になっちゃう」8×3は8が3個という意味があります。もしこれを団子の図にしたら？　「団子8個が3本」

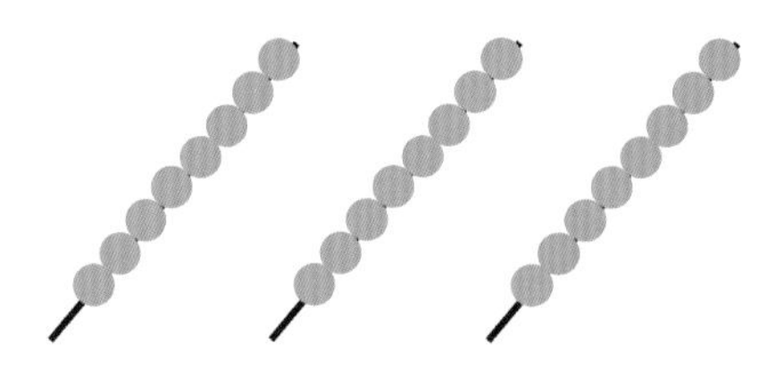

8個の団子はちょっと長いね。今の場面は、団子3個が8本なんだよね。ですから$3\times(2\times4)$と表さないとこの場面にあった式ではないですね。どのような式で表すかというのも注意が必要です。答えはどちらも「24」ですから、$(3\times2)\times4=3\times(2\times4)$と表せるね。かっこは、その部分をまとまりで見て先に計算するという意味があります。3×2を先にやっても2×4を先にやっても答えは等しいということです。

結局、かけ算は順序をかえて計算しても答えは同じだけれども、式の表している意味が変わるね。計算しやすいように順番を入れかえるのはいいけれど、式のかき方によって式の意味が変わるので注意が必要です。

(4) 0のかけ算

今日はダーツをやるよ。まず得点表からかきますね。

点数	5	3	1	0
ダーツの数				
得点				

そうしたら次に的をかきます。ここは5点ですよ。ここは1点です。ここも1点です。ここは3点です。ここは0点です。下へ落ちたのも0点です。

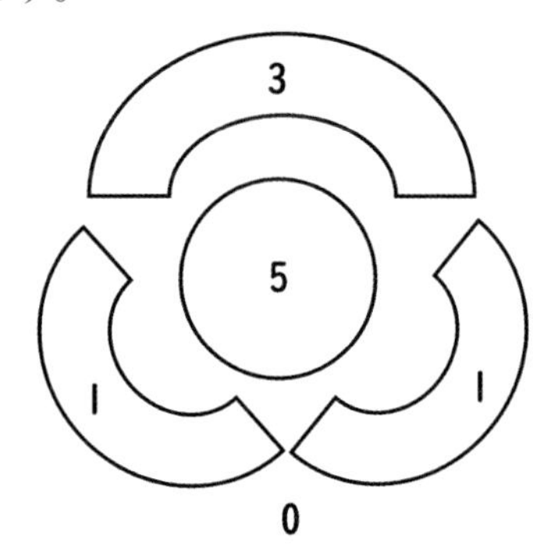

この線からこんなふうに投げます。「あー、先生0点！」今のは練習です。もうちょっと近くからにしよう。ここからみんなに10本投げてもらって、先生も10本投げて対決しよう。

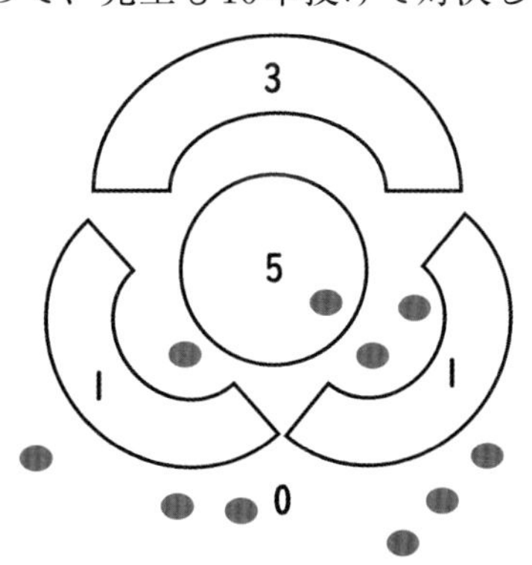

はい、今みんなに10本投げてもらいました。5点が1本、3点が0本、1点が0本、0点が9本、合計が10本です。

点数	5	3	1	0	合計
ダーツの数	1	0	0	9	10
得点					

得点をうめてみよう。ここは？　「5点」5点が1本ですから5×1で合計は5点です。となりは？　「ゼロ」本当？　式で表すと？　「3×0」次は？　「1×0でゼロ」次は？　「ゼロ」式は？「9×0」「0×9」ここは9×0でもいいの？　「ダメ」理由は？「9×0では、9点が0本になっちゃうから意味がちがっちゃう」そうだね。ここは0点が9本という意味の0×9だね。さっきの3×0は3点が0本、1×0は1点が0本。今回は0が出てくるかけ算の学習だね。3×0は3が1つもないということ。0×9は0が9個あるということだね。たし算でいったら0＋0＋0＋0＋0＋0＋0＋0＋0のこと。答えはみんな0だけど、式によって意味が異(こと)なるでしょ。意味を理解(りかい)していない人は0×9も9×0も区別(くべつ)がつきません。ダーツでいえば、0×9は0のところに9本矢があるということ。9×0は9の的にささった矢がないということだね。

みんなの合計得点は「5点」。それでは、先生の番だ。

点数	5	3	1	0	合計
ダーツの数	3	5	2	0	10
得点	▲ 5×3	▲ 3×5	▲ 1×2	▲ ？	

先生はプロだからね。さぁ、計算してみよう。5×3、3×5、1×2、ここは？　「0×0」えっ、そんなの存在するの？　「する」意味は？　「0点が0個」そうだね。0のかけ算は答えは全部0だ

けど、式の表す意味を理解できるといいね。結局先生は合計32点だ。「ズルい！」

まとめると、どんな数に0をかけても答えは0。また、0にどんな数をかけても答えは0ですね。“どんな数に”といっていますから1億×0は？　「ゼロ」。1那由多×0は？　「ゼロ」

ノートに振り返りをかこう。答えは全部ゼロだということだけではなくて、どういうことを学習したのかをちゃんと振り返って言葉にしてかこう。そういうふうに振り返りができるといいね。自分で何が大事かを判断して、学び取っていくことを続けていくと多くの知恵を学ぶことができるよ。

時刻（じこく）と時間

今日はめぐり遊園地に行きます。

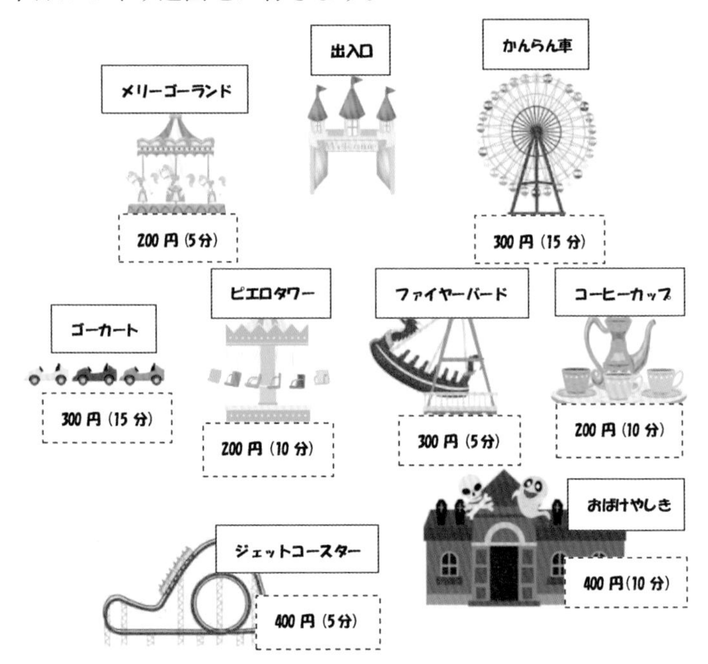

チケット1200円（1300円分）

100円 100円 100円 100円 100円 100円 100円 100円 100円 100円 100円 100円 100円

1200円で1300円分乗れるチケットを買います。

午前10時に出入り口を出発して、午前11時30分に出入り口にもどるように計画を立てましょう。

ただし、チケットは全部使い切りましょう。

1回の移動（いどう）は、待ち時間も入れて10分とします。

同じ乗り物には何度も乗らないことにします。さぁ、考えてみよう。

どうやるのがよいかな？　はじめに何

をするのがよいか？
ちょうど1300円になるように乗らないといけないね。さらに、ちょうど90分にしないといけない。お金と時間、両方いっきに考えるのは難(むずか)しいね。どっちかだけにしよう。どっちにする？「お金」どうして？「お金の方がちょうど1300円になるのはいくつもないし、考えやすい」そうか。ちょうど1300円になる式をつくってみよう。
できた人？「４００＋３００＋３００＋３００＝１３００」確かになるね。これで時間が９０分になればいいんだね。

15分　15分　5分
４００＋３００＋３００＋３００＝１３００
10分　10分　10分　10分　10分

移動の時間が10分かかるから全部で？「50分」、乗り物の時間は、300円の乗り物が3つだから、15分＋15分＋5分で？「35分」だね。移動の時間と合わせて85分になるから、あと5分残っている。「400円のはジェットコースターだ」そうだね。これでちょうどになる。
400円のジェットコースターと300円のゴーカート、かんらん車、ファイヤーバードに乗ればいいね。他にもあるかな？
「２００＋３００＋４００＋４００＝１３００」確かに1300円だね。400円が2つあるから「ジェットコースターとおばけやしきを選ぶ」400円のは決定だね。後は200円の乗り物から1つ、300円の乗り物から１つ選(えら)べばいい。

5分　10分
２００＋３００＋４００＋４００＝１３００
10分　10分　10分　10分　10分

移動の時間が50分で400円の乗り物2つで15分、合わせて65分だから、あと何分残ってる？　「25分」そうだね。何に乗ればいい？　「25分にするには、15分の乗り物と10分の乗り物に乗らないといけない」「5分のに乗っちゃったら、20分の乗り物はないから」そうだね。ということはメリーゴーランドには「乗れない」ということがわかるね。200円のは「ピエロタワーかコーヒーカップ」のどちらかだ。300円のはどれ？　「ゴーカートかかんらん車」ファイヤーバードには「乗れない」そうだね。

10分　15分　5分　10分

２００＋３００＋４００＋４００＝１３００

10分　10分　10分　10分　10分

まだある？　「２００＋２００＋２００＋３００＋４００＝１３００」なるほど、5つに増(ふ)えたね。

２００＋２００＋２００＋３００＋４００＝１３００

10分　10分　10分　10分　10分　10分

移動の時間は「60分」だね。200円が3つあるから何がいえる？　「メリーゴーランドとピエロタワーとコーヒーカップに乗る」そうだね。

5分　10分　10分

２００＋２００＋２００＋３００＋４００＝１３００

10分　10分　10分　10分　10分　10分

あとは300円のから１つ、400円のから１つ選べばいいね。

残ってる時間を計算すると？　「5分」「無理だ！」200円のに3個のっちゃったら時間がたりないことがわかったね。
　振り返りをしよう。「難しかった」「時間とお金の2つを同時に考えるのは難しい。だから1個ずつやる」

わり算

（1）わり算の2つの意味

問題A

　12個のクッキーを4人で同じ数ずつ分けます。1人分は何個になりますか？

　おはじきを使って実際に分けてみよう。12個のおはじきをおはじき板の上に出してごらん。そしたら、分けてみて。

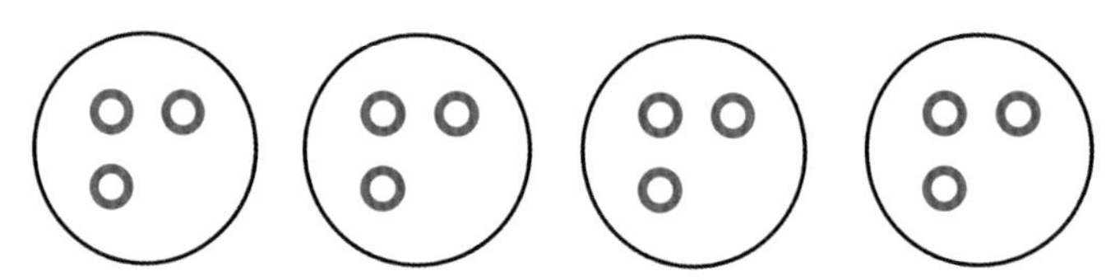

　このような同じ数ずつ分ける計算を$12 \div 4 = 3$とわり算の式で表せるよ。もし、□を使ってかけ算で表すとどうなる？
「$\square \times 4 = 12$」「$4 \times \square = 12$」どっち？ 4というのは何？「4人」ということはがいくつかあるの？　それとも、クッキーのお皿が4人分で全部で12個ということ？「お皿が4人分」そうだね。だからこの場面は$\square \times 4 = 12$と表せるということだね。$\square \times 4 = 12$と$4 \times \square = 12$は意味がちがうね。

　では、こんな問題だったらどうかな。

問題B

　クッキーが12個あります。1人に4個ずつ分けると、何人に分けられますか。

　これもおはじきでやってみよう。おはじきを12個だけおはじき板に出してごらん。出せたら分けてみよう。

今の問題Ｂの分け方って、問題Ａの分け方と同じかな？　「同じ」「ちがう」どっち？　問題Ｂは4個ずつまとめて配るんだよね。問題Ａは？　「4人で分ける」何個ずつ？　「3個ずつ」「3は答えだよ」そうだね。答えは3だから、結果的には1人3個ずつになるけれども、4人で同じ数になるように分けるというのはトランプを配るみたいに1個ずつ配っていくような感じだね。つまりＡとＢでは分け方が異なるということ。問題Ａは4人で分ける計算、問題Ｂは4個ずつ分ける計算だからね。式はどちらも$12 \div 4 = 3$と表せます。

では、問題Ｂを□を使ってかけ算で表すとどうなるかな。何人を□人とすると？　「$\square \times 4 = 12$」「$4 \times \square = 12$」どっちだろう？「4個が□人分だから、$4 \times \square = 12$」そうだね。最初の問題と比べてみよう。何か気が付くことある？

問題A	**問題B**
$\square \times 4 = 12$	**$4 \times \square = 12$**

「□の位置がちがう」そうだね。$\square \times 4 = 12$と$4 \times \square = 12$は表してる場面がちがうから。どちらも同じわり算で$12 \div 4 = 3$と表せるけど、4人で分ける計算と4個ずつ分ける計算は意味がちがうね。

(2) 0のわり算

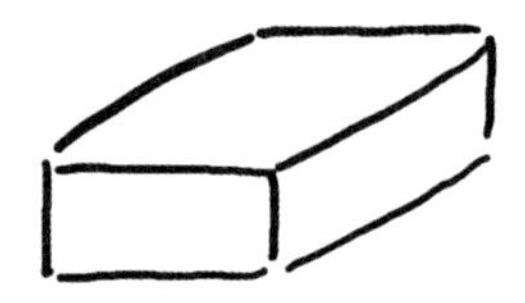

箱に入っているクッキーを4人で同じ数ずつ分けます。1人分は何個になりますか。

もし、箱にクッキーが4個入っていたら式は？ 「4÷4＝1」そうだね。じゃあ、箱を開けてみるよ。「空っぽだ！」0個のクッキーを4人で分けるという場面だと式は？ 「0÷4」「4÷0」どっち？ 0個を4人で分けるから「0÷4」だね。答えは「ゼロ」そうだね。0個のものを4人で分けたら1人分は0個。ちなみに、4÷0だったら？ 「0」4÷0＝0でいい？ 実は、4÷0はできないんだ。4個のものを0人で分けるという場面になるけど、“0人で分ける”というのがそもそも0人なら分けていないというか、分ける必要がない場面だから÷0というのは成(な)り立たないんだ。だから4÷0はないということ。かけ算のとき、3×0＝0とか0×3＝0とか、0×0＝0をやって全部0だったから、わり算も同じかと思っちゃいそうだけど、÷0はできないから注意が必要だね。

(3) わり算と倍

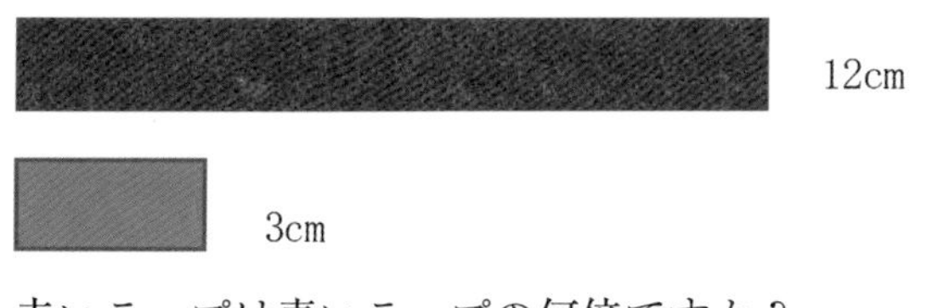

赤いテープは青いテープの何倍ですか？

何倍かを求めるのはわり算で「12 ÷ 3」だね。何倍かを□倍としてかけ算で表したら？　「3 × □ = 12」となるね。この□を求める式が12 ÷ 3 = 4といえるね。何倍かを求めるのはわり算が使える。でもかけ算で表すことももちろんできるよ。

では次の問題はどうかな。

15cm

白いテープは15cmで、緑のテープの5倍です。緑のテープは何cmですか。

緑の長さを求める式は？　「15 ÷ 5」そうだね。じゃあ、かけ算で表したら5 × □ = 15ですか？　それとも□ × 5 = 15ですか？　どっちでもいいですか？　「□ × 5じゃないとダメだと思います」ちなみに5 × □だと思う人は？　けっこういるね。どっちでもいいと思う人は？　それはいないか。結論(けつろん)から言ったら□ × 5が正しいんだ。だけど、間違っていた人は消す必要はないからね。間違っていたんだっていうのを残して、なぜこれではいけないかをかくといいよ。なぜちがうかがわかることは大事だね。わからないところこそいちばん大事なのに、合っていることだけ学んでいたのでは学びは少ない。5 × □ではなぜいけないの？　「5 × □は、5が何個かということで、問題には合っていない」そうだね。

5が何個かといったら5が基準(きじゅん)なんだ。5がもとにする量(りょう)だね。でも今の問題のもとにする量は緑だよね。緑は何cmかはわからないから□にしたんだ。それで「□×5にしてみたら、緑が5個分という意味になる」そうだね。□×5がこの問題の意味に合っているね。わり算でいったら15÷5だけれども、かけ算でいったら□×5＝15になる。

何倍っていうのは、何個分っていう意味でかけ算で表すことができるね。でも、何がいくつなのかを正しく表さないと意味がちがっちゃうから注意が必要だね。

あまりのあるわり算

(1) 包(つつ)み紙の問題

> 包み紙を3まいあつめると、同じものがもう1個おまけでもらえるキャラメルがあります。
> このキャラメルを18個買うと、全部で何個食べることができますか。

こんな図をかいている子がいますね。

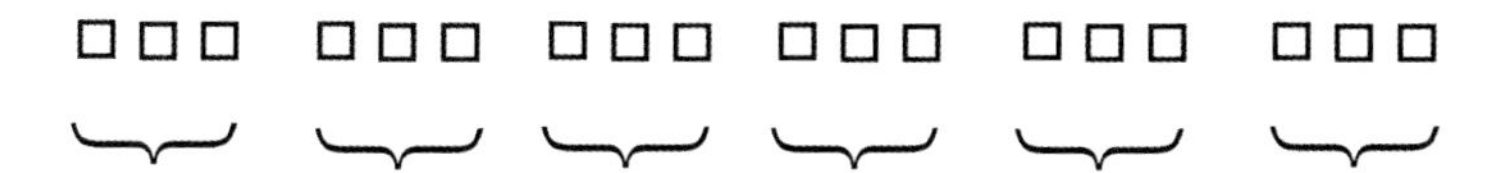

18個キャラメルをかいて、3個のまとまりにしているね。何で？　これ3個でどうなるの？「1個おまけがもらえる」そう。おまけがもらえる駄菓子屋(だがし)さんです。今は当たりがあるとか、おまけがもらえる駄菓子屋さんはほとんどなくなっちゃったけどね。じゃあ、もう少し考える時間とるね。

今のところ正解は1人だけです。「えっ？」じゃあ、正解出しちゃっていい？「ちょっと待って」自分で正解まで出したい人が多いみたいだね。「答え変わった」間違っていることに気付いたんだね。

じゃあ、最初の式を言える？「18÷3」まず18÷3をして6ですね。次の式は？「18＋6」18っていうのは？「最初に買った数」6は？「おまけ」それで18＋6＝24なんだね。「あってた！」答えはこれで24個になるの？「ちがう」ちがうかもしれないんだね。24個にした人はちがうかもしれないって確かめた？　先生にちがうよって言われるより、ちがうことに自分で気が付く方がいいね。24はちがうということに気付いた人は消しゴムで消さないで、なんでちがうかを書き込むといいよ。何がちがってた？「おまけの6個でもう2個おまけがもらえる」続きの式は？　「6÷3＝2」正しい答えは？　「26個」。

この問題はこれで解決(かいけつ)しました。じゃあ、問題をちょっと変えてみよう。もし、キャラメルが23個だったら？

> 包み紙を3まいあつめると、同じものがもう1個おまけでもらえるキャラメルがあります。
>
> このキャラメルを~~18~~個買うと、全部で何個食べることができますか。　23

23個買うとしたらどうなるか。さあ、考えてみて。

さっきの学習をいかしたら今度は間違えないね。

図がすぐかけるようになった人はさっきの学習がいきているね。

こんな図をかいている人がいます。

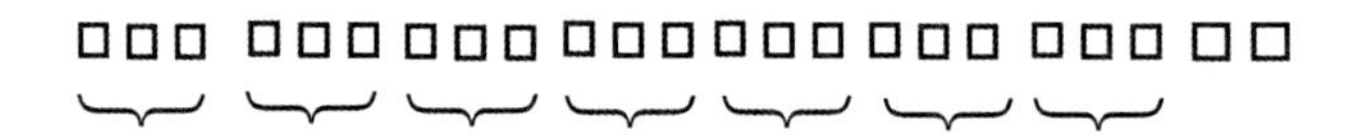

「2個あまってる」「さっきとちょっとちがうところがある」

さっきとちがうところに自分で気付いたのは大発見だね。いくつになった？　「33個」「34」「35」みんなバラバラだけど、どれが合っているのかな？　「もう1回考え直してみる」よく言ったね。そういうことを今日は学んでいるから100点だ。もう1度考え直して自分で正解を確かめてみよう。

それでは、みんなで確かめていくよ。最初の式は？　「23÷3」いくつになる？　「7あまり2」この7は1回目のおまけだね。次の式は？　「7＋2＝9」あまりの2個をたすんだね。そしたら2回目のおまけは「9÷3で3個」まだある？　「3回目のおまけが1個ある」そうすると23＋7＋3＋1は34個だね。

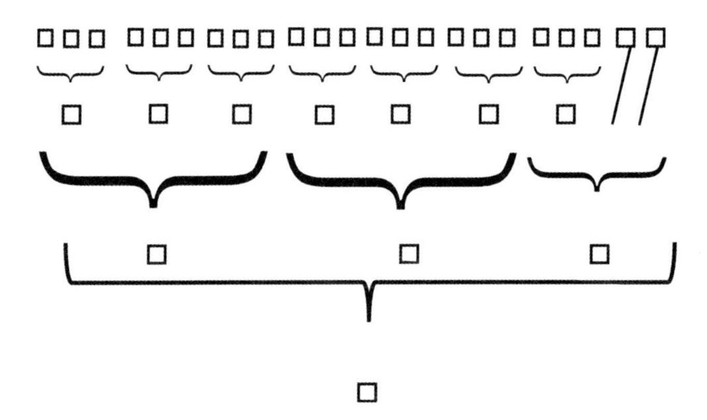

(2) 部屋割りの問題

今日の問題は6年生が行っている修学旅行についてです。お兄ちゃんが行っている人もいるね。

6年1組男子17人が修学旅行に行きます。どの部屋も1部屋に4人まで泊まることができます。どのように分けるとよいですか？

さぁ、やってみよう。

この問題の問題自体がわからない人、問題はわかったけど考えている最中だよという人、もう答えが出たよという人がいるみたいだね。まだ、何も考えが進まない人もいるみたいだけど、そういう時どうするとよかったかな？ 「とりあえずかいてみる」「図をかく」そうだね。じゃあ、もう答え出たよという人はどうしたらいいかな？ 「合ってるか確かめる」そうだね。まず合っているかを確かめるのが大事だね。“どのように分けるとよいですか？”という問題の聞いていることに対して答えられましたか？ 答えが1つとは限らないので、他にも答えがないかを確かめるのも必要だね。答えが出て、確かめもできたという人は問題を発展させて考えるのもいいね。そういうふうに自分の学習を進めるようにしよう。

じゃあ、みんなで考えていこう。どんな式にした？ 「17÷4」この計算はできるね。17÷4は？ 「4あまり1」それでどうするの？ こんな図をかいた人がいるみたいだけど。

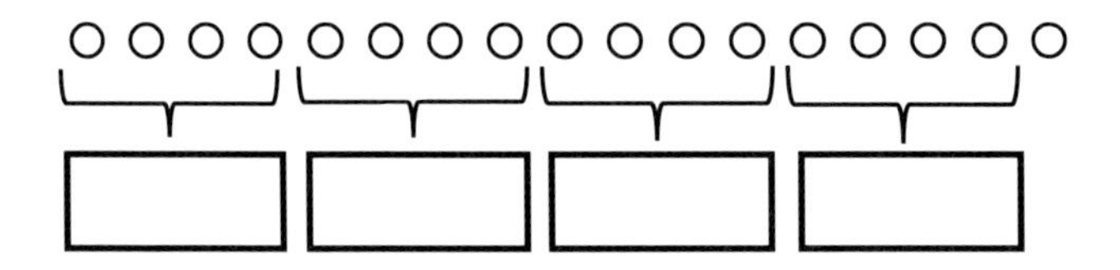

これどういうことなの？「4人が4部屋で1人あまり」1人あまりって、1人ろうかで立ってるの？「ちがう！」「1人は1部屋」えっ、この人は1人で1部屋にさみしく寝るの？　今修学旅行に来ているんだけど、1人あまった人は1人で部屋に入るんだね。それでは問題ない？「ある」「修学旅行だから、1人はかわいそう」そうだよね。ダメとは言えないけれど、実際そういうふうにすることはないね。じゃあどうしたらいいかまで考えが進められた人はすばらしいね。じゃあ、どうしたらいい？
「17÷3にして2あまるから、あまった2人で1部屋」17÷3＝5あまり2とやるんだね。

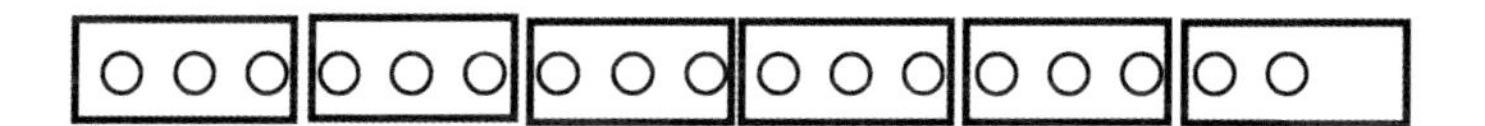

確かにこれだと1人の部屋はないね。全部で何部屋になる？「6」さっきは全部で5部屋だったけど、何か問題ないかな？　部屋の数っていくつでもいいのかな？「いい。かいてないから」かいてなかったらいいのかな。7部屋でも8部屋でもいいの？　1部屋借りるだけでも何万円もかかるんだけど。本当は6年2組も3組もいるし、女子もいるんだよ。だから部屋の数はいくつ使ってもいいわけではなくて限られてくる。そう考えると5部屋でなんとかできないかな？「4人部屋なんだけど5人入る」なるほど。それも場合によってはできるかもしれないね。今はピッタリ4人までしか入れないとしたら？「4人の部屋を3個にして、3人の部屋を1個、あとは2人の部屋」

「だったら４人が２つで、３人が３つにすればいい」

○○○○　○○○○　○○○　○○○　○○○

あまりのあるわり算で計算したら、それで答えが場面に合っているか、よりよい考えはないかを検討していくといいね。

(3) かさ立ての問題

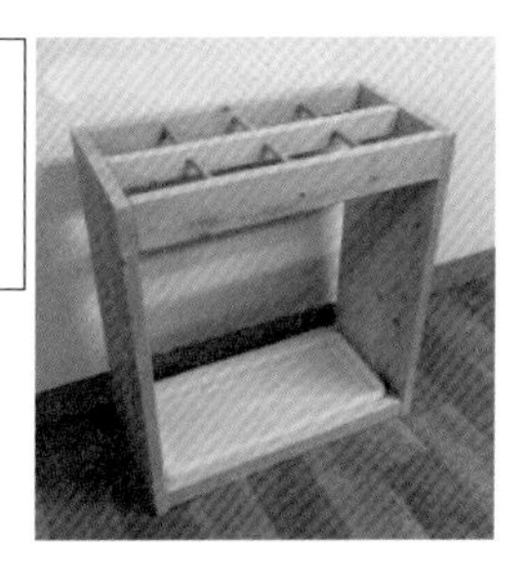

> クラス35人で図のようなかさ立てを使います。1か所に何本ずつ入れて使うのがよいでしょうか。

このかさ立ては、入れる所が8か所しかないから、35÷8＝4あまり3として、答えは4本ずつでは？「ちがう」じゃあ、どうしたらいい？　残りの3本どうする？「3本あまっちゃうからもう1か所作る」えっ！　木を買ってきて作るの？「もう1個かさ立てを買う」間違いではないけれど、このかさ立てに35本入れることにしよう。どうする？「残りの3本は、4本入っている所に1本ずつ入れればいい」つまり3か所が5本入ってて、残りの場所は「4本」にすればいいね。6本入っている場所は？「ない」

前回の問題との違いは何だろう？

部屋割りの問題

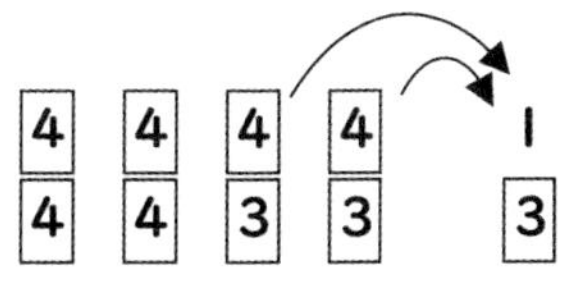

部屋割りの問題は1人あまったから、4人のところから動かしていったね。

かさ立ての問題

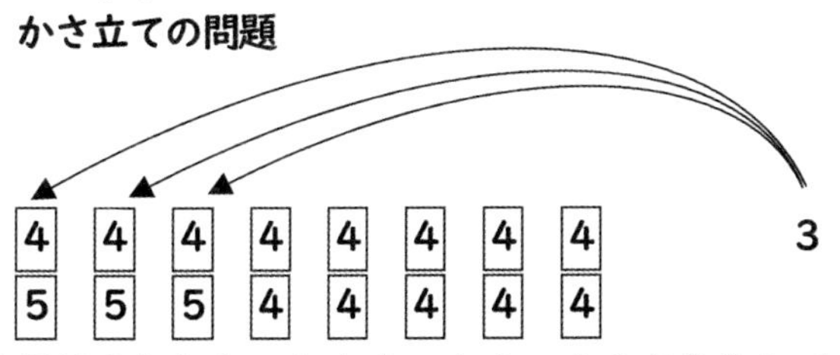

今回は3本あまったから、あまった3本を入れていった。計算したあとの動かし方がちがうね。場面によって処理の仕方が変わってくるといえそうだね。

(4) 食べかけは何個？

> 12個入りのチョコレートの小ぶくろが2ふくろと、何個か食べたふくろが1つあります。
> すべてのチョコレートを、7人で同じ数ずつ分けると1個あまりました。食べかけのふくろには、何個入っていたでしょう。

さあ、やってみよう。

考えが進まない人がいるみたいだけど、どうしたらいいかな？「まずはノートにかいてやってみるといい」「問題を何度か読んで確かめるといい」それも大事だね。「図をかくといい」

どんな図をかくといいかな？　まだかいてない人はかいてみて。

もう答えが出た人はどうする？「合っているか確かめる」そうだね。別の方法を考えることもできるし、問題を発展させることもできるね。

それでは、どんな図をかきましたか？

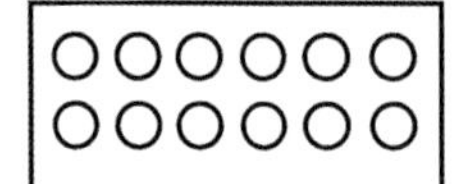

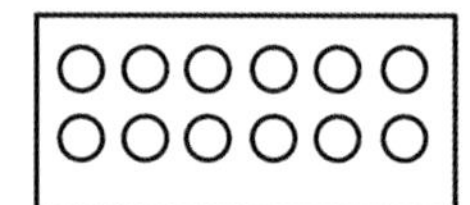

？

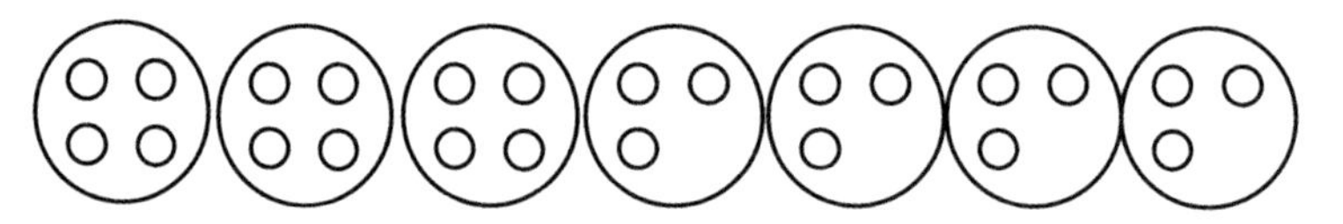

「まず、問題の図をかいて、7人だから7人分のお皿をかいた」

それで？「チョコレートを分けた」そうか。

3個ずつ配ったら7×3で21個だね。「あと3個」何であと3個なの？「12個入りが2つで24個だから」それで？「食べかけがある」どうするの？「残りの4人にも配って、1個あまりだから、食べかけは5個」

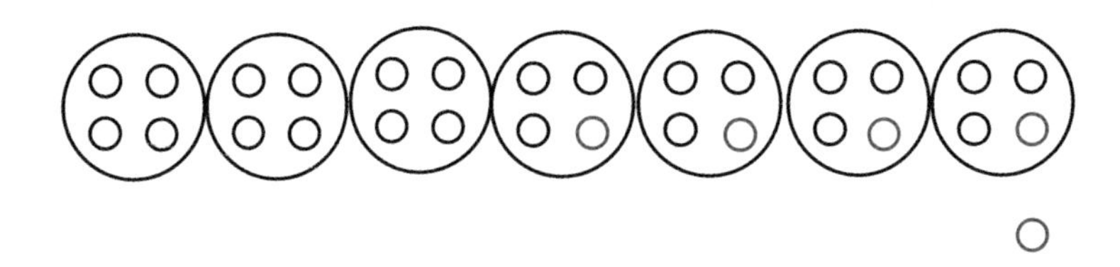

ということは、食べかけは何個だった？　「5個」。

これは図を使わないと解けない問題だったんだね。「いや、計算でもできます」

「35 ÷ 7 = 5
34 ÷ 7 = 4あまり6
33 ÷ 7 = 4あまり5
32 ÷ 7 = 4あまり4
31 ÷ 7 = 4あまり3
30 ÷ 7 = 4あまり2
29 ÷ 7 = 4あまり1」

こんなふうに調べたんだって。それでどうするの？　「29ってわかる」何が29なの？　「全部のチョコレートの数」ということは？

「29 − 24で答えは5個」

みんなも同じ計算だった？　「□ ÷ 7 = △あまり1」「□が24から35までの数だから、29 ÷ 7 = 4あまり1」24から35までの数で、7でわって1あまるのは29しかないね。これだとすぐ答えが求められるね。

最後に発展させて考えた人を紹介（しょうかい）するね。

「“7人で同じ数ずつ分けるとあまりはありませんでした”としたら、答えが2個ありました」えーっ！？

小　数

(1) はしたの表し方

カップに入っている水のかさを1dLますで測(はか)ったら、次の図のようになりました。水のかさは何dLといえばよいですか。

1dL　　1dL　　はした

はんぱのことを算数では“はした”というよ。さあ、考えてみよう。

どうやってやる？「定規(じょうぎ)ではかる」いくつになった？「1dLが2cmで、はしたは1cm2mm」それでどうするの？「めもりをつければいい」

1mmずつ20個のめもりにした人と、2mmずつ10個のめもりにしている人がいるね。

1mmずつにした人はどうしてそうしたの？「線引きのめもりといっしょにした」2mmずつにした人はどうして？「1mmずつだと20個できてわかりにくいから」「10個に分けたかった」どうして？

「数は、10個で次の位(くらい)になるから、1より小さいときも同じ」

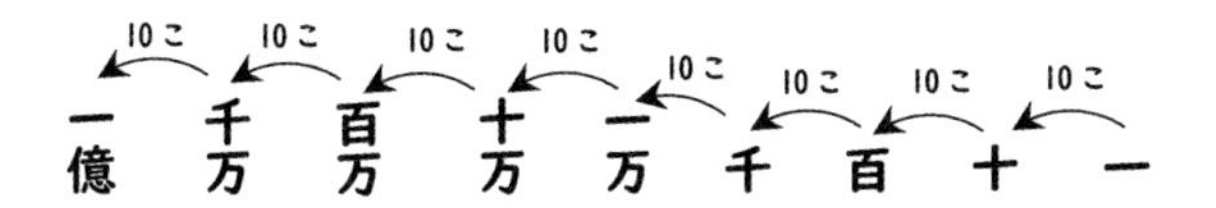

確かにそうだね。一、十、百、千……と数は10個集まると次の位にくり上がるから、一の位よりも小さい位もそれと同じルールにした方がいいよね。だから10等分してめもりをつける方が理にかなっている。

そういうわけで1を10等分した1個分で新しい位をつくってそれを0.1と表すことにするんだ。だから、はしたの量は0.1が6個で？

「0.6」水の量は2.6dLと表せるね。

(2) じゃんけんゲーム

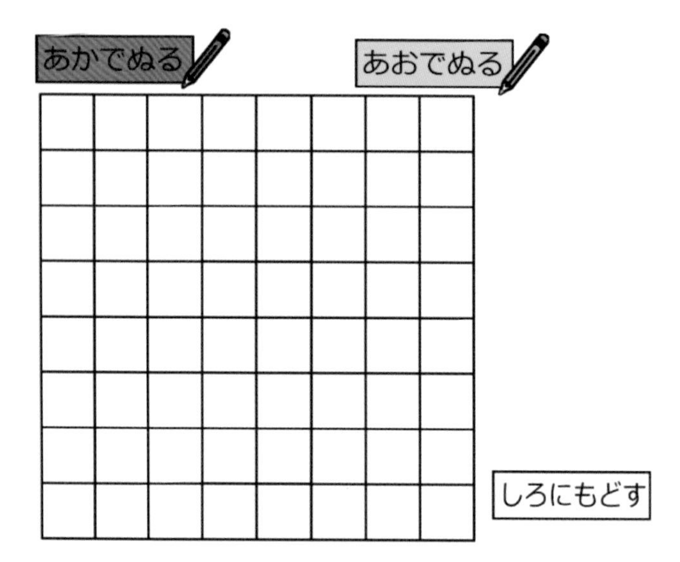

じゃんけんゲームをします。先生は赤チームでみんなは青チームね。ルールは、じゃんけんに勝ったら端(はし)から1行ぬることができます。ただし、4行目からは上から1ますずつしかぬれないことにしよう。じゃんけんは全部で10回で多くぬった方が勝ちです。やってみるよ。

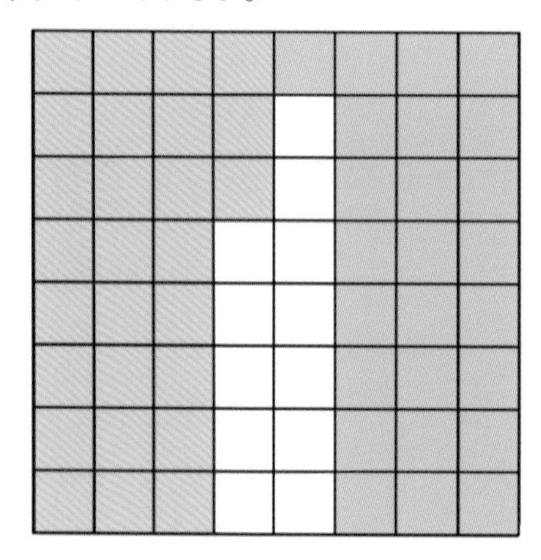

先生の勝ちだね。
この結果は1列を1ポイントとすると……。
先生は3.3ポイント、みんなは3.1ポイント。
結果は3.3対3.1でいいね。「はい」、「えっ」、「ちがう」
いいと思う人とだめだと思う人がいるみたいだね。意見が分かれました。
なんでだめなの？ 「もし、0.1だとしたら、1列に8個しかないから、1列で0.8にしかならない」“もし”という言葉を使って説明できたね。「さらに3.3ポイントとしたら、先生は33ますあるはずなのに、数えてみると27ますしかない。だからおかしい！」
0.1って何なんだっけ？ こういうときはきまり（定義(ていぎ)）に返るといいね。「0.1は1を10等分した1個分」そうだね。小数で表せない理由も“小数とは何か”を使えば説明できるね。

円と球

（1）同じ大きさの円をかこう

今、みんなに配ったのと同じ大きさの円をかきます。何がわかればかける？「半径（はんけい）」あとは？「直径（ちょっけい）」他にもある？「中心」これ全部わからないとかけない？「いや。半径が分かれば、直径もわかる」「中心がわかれば、半径がわかる」

“同じ大きさの円をかこう”という問題は、中心か半径または、直径を見つければよさそうだね。この円の中心はどこだろう？

線引きをあてて直径を探している人もいるね。どこが直径だろう？　調べてみよう。円周（えんしゅう）上に点をとって、そこから直線を何本か引いてみるね。

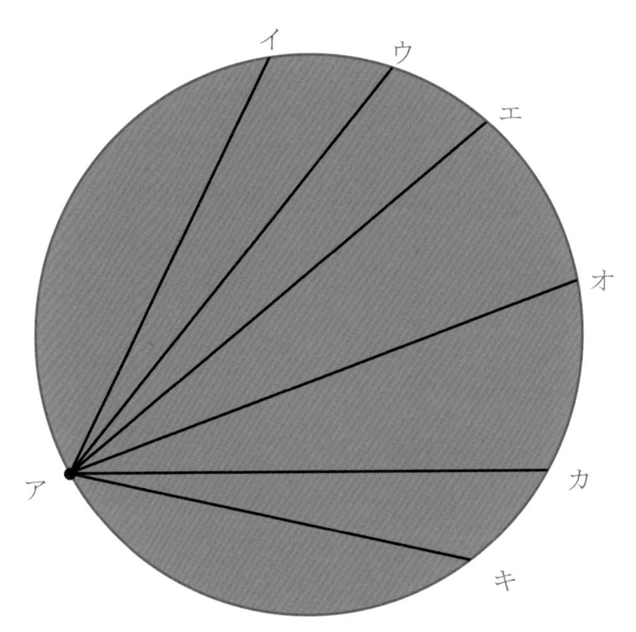

アイは直径？「ちがう」アウは？「ちがう」だんだん長くなって、また、だんだん短くなっているね。
「いちばん長くなった直線が直径」そうだね。じゃあ、いちばん長いところを線引きで探してごらん。そうにすれば、直径が見つけられて、中心がわかるね。別の方法はあるかな？
「折る」プリントの四角形を半分に折ってもずれちゃうみたいだね。
「切ればいい」「切っていいの？」「いいんじゃない」「切ってぴったり重なるように半分に折ると直径がわかる。もう1回折ると交わったところが中心だとわかる」こうすれば測らなくてもわかるね。

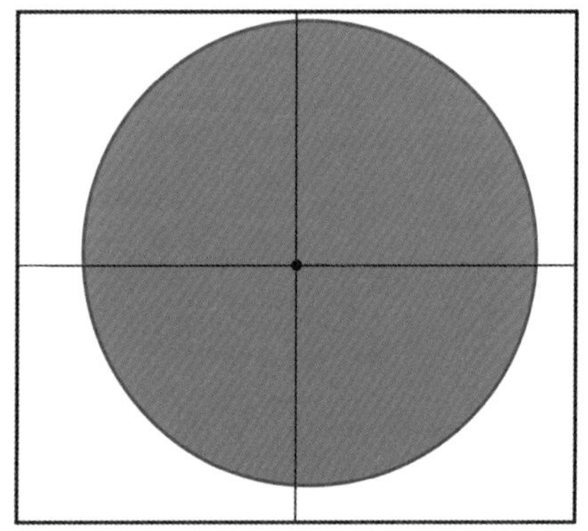

他にもやり方はある？　「三角定規を使いました」

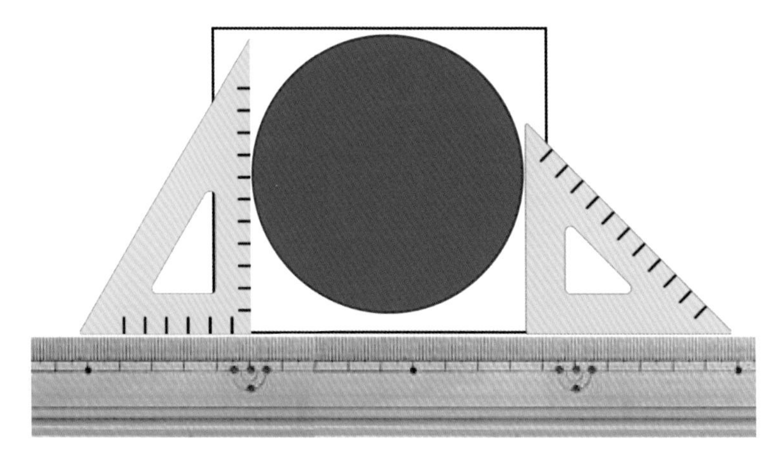

「幅を測ると直径がわかります」これもいい考えですね。

(2) 円の重なりは？

直径40cmの円の中に、下の図のように半径6cmの円を5個かきます。

円の重なりの部分が等しくなるようにかくとき、1つの重なりの部分（赤線部分）の長さを求めましょう（A、B、C、D、Eはそれぞれの円の中心を表します）。

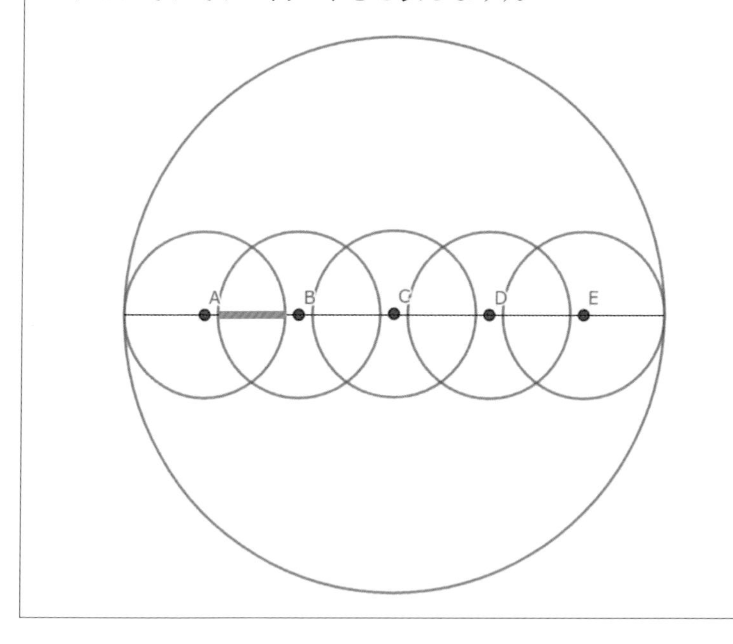

問題を読んで、どんなことができるかな？「大きい円の直径が40cmと小さい円の半径が6cmとわかってる」それがわかっているね。「小さい円の直径は12cm」12cmっていうのは問題にかいてある？「かいてない」かいてないけどわかるね。

この問題は一見難しそうだけど、何もしないでじーっとしているより、わかることをかいていく方が何か手がかりをつかめるかもしれないよね。かけることを探してみて。

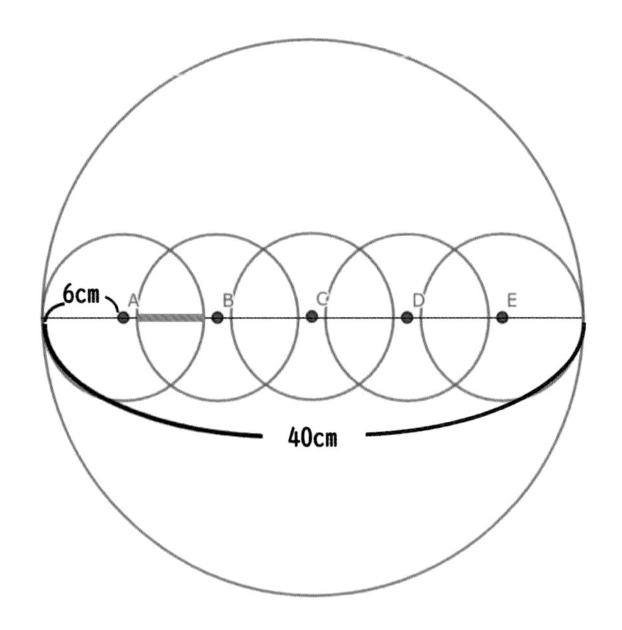

こうやってかいていったら答えが出た人？　何人かいるね。実はこうやってかいていくだけで答えが出る問題だったんだ。こうやってかいて調べていくことって大事なことなんだね。

あと、どこの長さがわかる？「大きい半径が20cmで、円Aの直径は12cm、円Cの左側の半径が6cm」このやり方だと、どこがわかる？「Bのところの間が2cm」「すきま1個分は1cm」「6－1＝5だ」

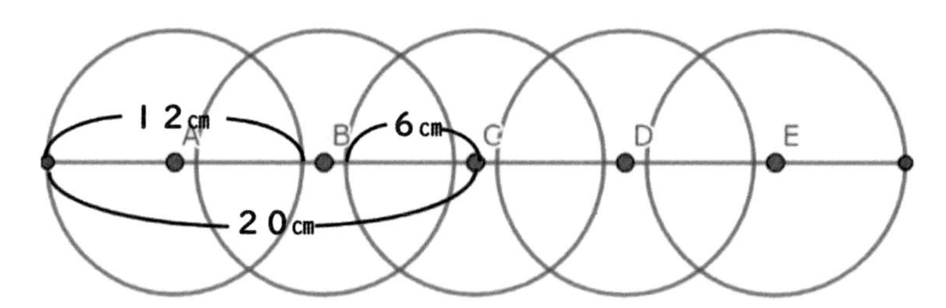

こういうふうにかいていって求めるやり方は何通りかありそうだね。別の考えの人はいる？

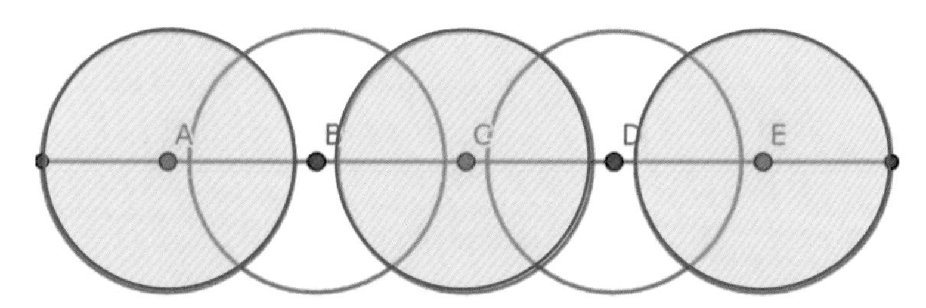

「小さい円の直径が12cmだから、40－12－12－12＝4で、1個の間のところが4÷2で2cmになる。あとはさっきと同じ」なるほど。

まだまだありそうだからやってみてください。長さをかき込(こ)んでいく方法以外で考えた人はいる？　計算で求めたとか。

「5つの円が重ならないで並んでいたら、端(はし)から端までは60cmだから」

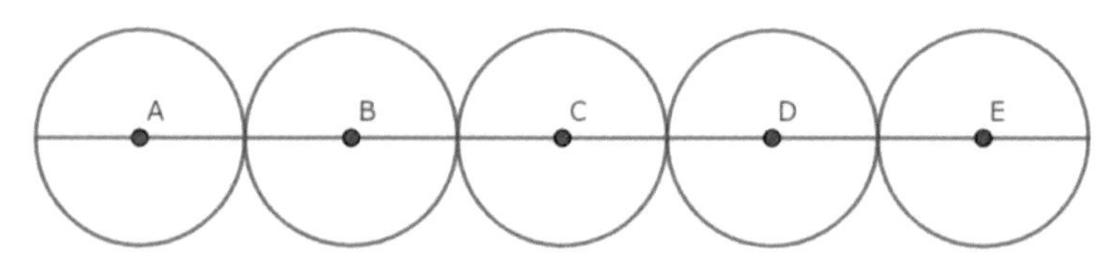

12×5で60cmだね。

「それで、この問題は重なっていて40cmだから」

「20cmだ」何が20cm？　「ちがいが20cm」ちがいが20cmということは何がわかるの？

「重なった部分が合わせて20cm」
「20 ÷ 4だ！」

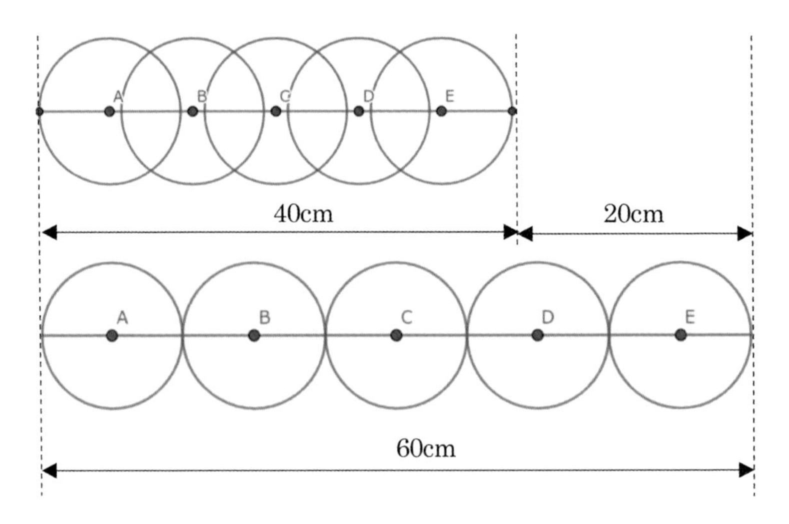

式でいうと？
「12 × 5 = 60、60 − 40 = 20、20 ÷ 4 = 5」
エレガントな解法（かいほう）だね。

(3) 柵（さく）の問題

公園の道にそって、直径1mの半円を20cm重ねて、下の図のようなさくを作ります。半円を10個使うと、さくは何mできますか。

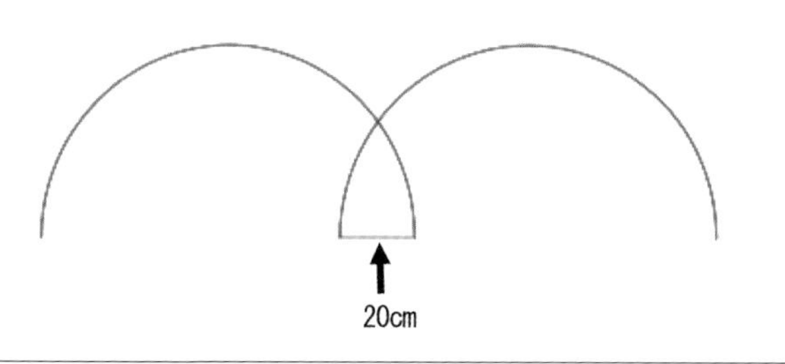

問題を読んで手がつかない人、問題がよくわからない人、かんちがいしている人、まちがった答えに気付かない人、いろいろいるみたいだね。そういう場合、どうしたらいいかいえる人いる？「何もできないわけじゃないから、わかることをかいてみる」そうだね。「図で表す」「前にやった似（に）ている問題を参考（さんこう）にする」

じゃあ、今出たことをヒントに考えてみよう。答えが出た人は合っているか確かめてみようね。

どう？　答えは8mと8.2mの人がいるみたいだけど、どっちだろう。答えが2個あるのかな？　答えが2個ある問題も今まであったけど、これも2個ある？　絶対（ぜったい）1個しかない？　どっち？「絶対1個」なんで？「実際にあるものの長さを聞いてるから答えが2つあるはずない」そうですね。8mと8.2mのどっちかがちがってると思うけど、どっちかな？　こういうかんちがいがあるっていえる人？「20cmの重なりが10個あるってかんちがいしているけど、本当は9個しかない」図で確認してみよう。図に番号がかいてある人がいたのはそういうことだったんだね。

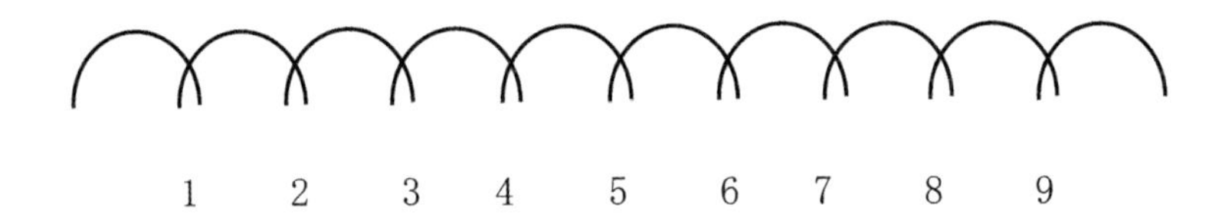

重なりは、いち、にい、さん……、確かに9個だね。すると、このあとどうすればいい？

「20 × 9 = 180（cm）で、10m = 1000cmだから、
　1000 − 180 = 820（cm）= 8.2（m）」

別のやり方をした人はいますか？

「100 + 80 × 9 = 820」どういうこと？

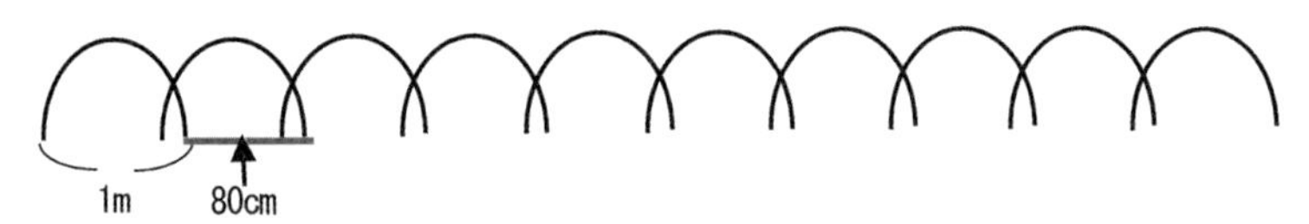

「最初だけ1mで、あとは80cmが9こある」なるほど。

他にもいる？

「5個分を求めました」

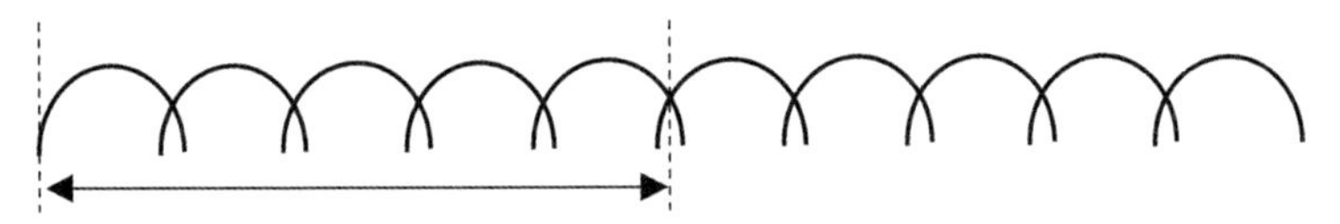

1 × 5 = 5（m）　5m = 500cm
20 × 4 + 10 = 90（cm）　500 − 90 = 410（cm）
410 × 2 = 820（cm）= 8.2（m）

この方法は一見複雑（ふくざつ）なようだけど、どんなところによさがある？

「半分にして考えている」そうだよね。“数が多いものを減（へ）らして考えてみる”、“左右一緒（いっしょ）のものは、半分で考えてみる”そうい

う知恵があるね。

「先生！　下にも半円をかけば前のやつと同じ問題です！」ホントだ！！

分　数

　教室でこんなものを拾いました。「あっ、お別れ会（教育実習生の）で使ったリボンだ」これは、だいたいどのくらいかな？

「1m」1m ？

「えっ、1mより長いんじゃない？」「1m20cmくらい」

　ここにいいものがあるね。「1mものさし」これと比べてみると？

「1mより長い」「1m10cm」じゃあ、ものさしをあててみます。

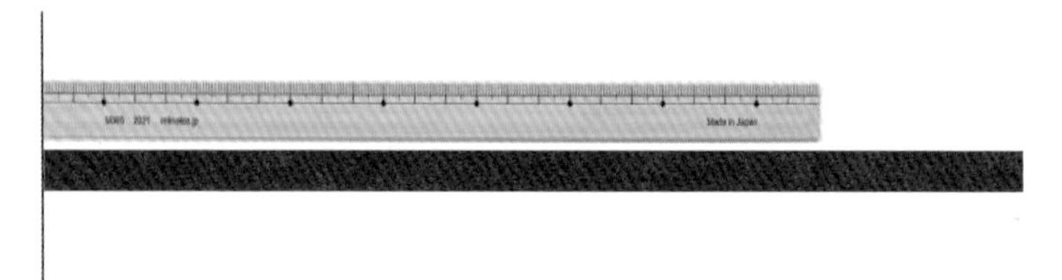

　はしをピッタリそろえました。それで、ここまでで1mだね。ですから、1mとはんぱがこれだけある。はんぱのことを算数では“はした”というよ。はしたはどのくらいかな？　「定規で測ればいい」確かに定規で測ることもできるね。じゃあ、定規で測らなかったら、このはんぱはどのくらいと表すことができる？

「ものを使って、何個分とやればいい」なるほど。ちがうアイデアある？　「折り紙が15cmだから、折り紙を使って測ればいい」なるほど。さっき、ものを使うアイデアが出たけど、折り紙が使えるということだね。他にもある？　今、ちがう色のテープではしたと同じ長さを作ってみるよ。

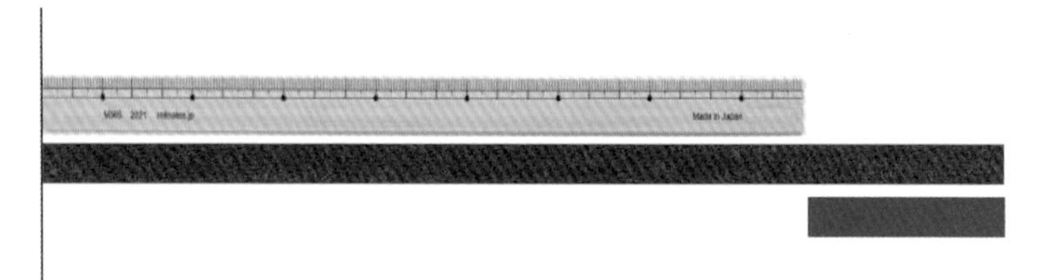

「先生が紙テープをもってたから、はしたの部分をたくさん作って、1mの中に何個入るかを調べてみればいい」じゃあ、やってみるよ。

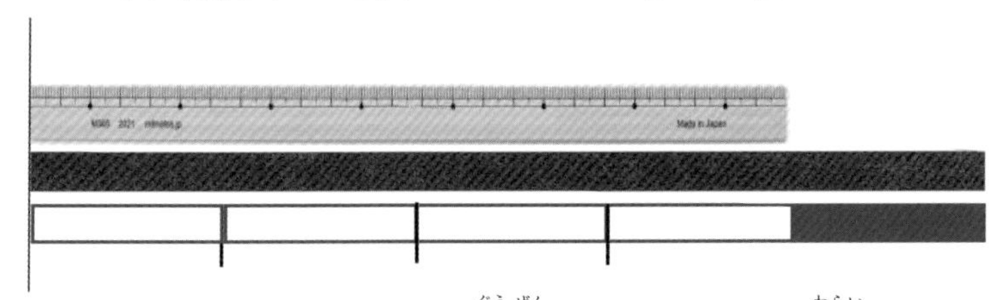

「ピッタリ！」すごい！　偶然ぴったりだね（笑）「わかった！」わかったの？　このアイデアを使ったら、はしたをどのように表せる？

長さが何cmかわかった人も多いみたいだね。センチメートルを使ったら何cm？「25cm」どうして25cmってわかったの？「1mは100cmだから、100÷4で25cm」そうか。

cmで表すしか、はしたを表す方法はないのかな？「小数を使う」ちょっと4年生の学習になっちゃうけど、25cmは小数にしたら？「0.25m」と表せるね。それ以外の表し方ってある？「ミリメートル」確かにそれもあるね。もうないね。「分数」分数が使えそう？　みんなも分数で表してごらん。どうなった？
「$\frac{1}{4}$」$\frac{1}{4}$ではないという人はいる？「$\frac{1}{5}$」確かに数えてみたら5個あるよね。困ったな。これは$\frac{1}{4}$と表したらいいのか、$\frac{1}{5}$と表したらいいのか？「どっちでもいいんじゃない？」どっちでもいいの？　考えてみよう。

意見がいえる人？「$\frac{1}{4}$と$\frac{1}{5}$両方合っていて……」両方合っていると思うんだね。じゃあ、両方合っているという意見は最後にとっておこう。$\frac{1}{4}$だと思う人で理由が言える人？「分けた個数は5個だけど、1mの中に何個入るかと考えたら4個だから$\frac{1}{4}$だと思う」「1mの$\frac{1}{4}$」。

じゃあ、$\frac{1}{5}$だと思う人は？「リボンを分けた数が5つだから」なるほど。それではお待たせしました。両方合ってると思う理由をどうぞ。「1mの中には4個ピッタリ入っているから$\frac{1}{4}$なんだけど、でも、実際のテープでみると5個あるから$\frac{1}{5}$。だから両方合ってる」「そう言われてみればそういう気がする」「でも、はしたの部分は1mに入ってないけどいいのかな？」

「もし$\frac{1}{4}$にするんだったら、“1mの”ってつけないといけない」「じゃあ、$\frac{1}{5}$って使うんだったら“赤いテープの”ってつけないと」

1mの $\frac{1}{4}$

赤いテープの $\frac{1}{5}$

こう表せばいいんだね。実は、この2つの分数は、分数の種類(しゅるい)が異なるんだ。$\frac{1}{5}$は“分けた分数”（分割(ぶんかつ)分数）で、2年生で学習したように、4つに分けた1つ分だったら$\frac{1}{4}$。これは5個に分けた1つ分だから$\frac{1}{5}$。分けた分数っていうのは、折り紙の$\frac{1}{4}$はこれだけ。画用紙の$\frac{1}{4}$はこれだけだね。

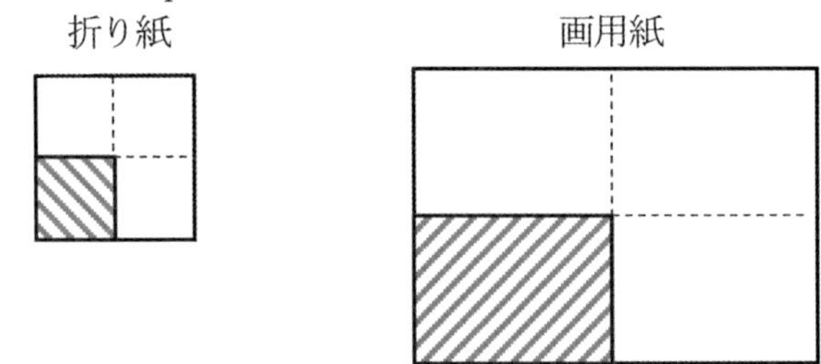

分けた分数っていうのは、$\frac{1}{4}$にもいろいろな大きさがあるよ。Sサイズのピザの$\frac{1}{4}$もあれば、Lサイズのピザの$\frac{1}{4}$もある。同じ$\frac{1}{4}$でも大きさが異(こと)なるね。一方で、1mの$\frac{1}{4}$といったら、これはただ1つしかない。「25cm」そう、これはただ1つ、25cmという量を表している。量を表す分数（量分数）には単位(たんい)をつけるんだ。だからこのはしたは$\frac{1}{4}$m。量を表す分数には単位がついて、分けた分数には単位はつかないよ。どっちも合っているといった人は正解かもしれないけど、分数の種類が異なるというふうに理解できるね。

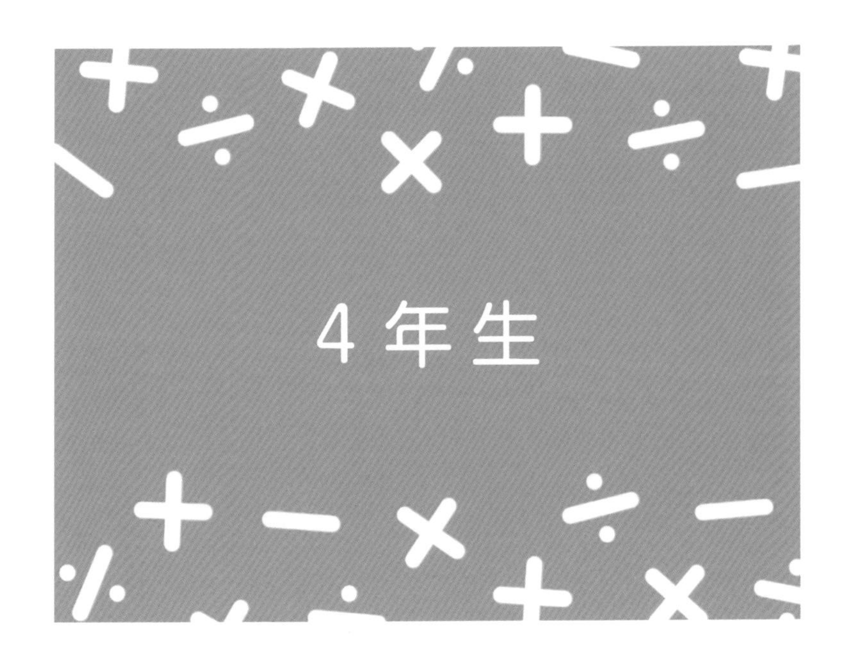
4年生

わり算の筆算

（1）何十、何百のわり算

60枚の色紙を3人で同じ数ずつ分けます。1人分は何枚になりますか。

どんな式になる？　「60÷3」そうだね。10枚ずつのたばを使って実際に分けてみよう。

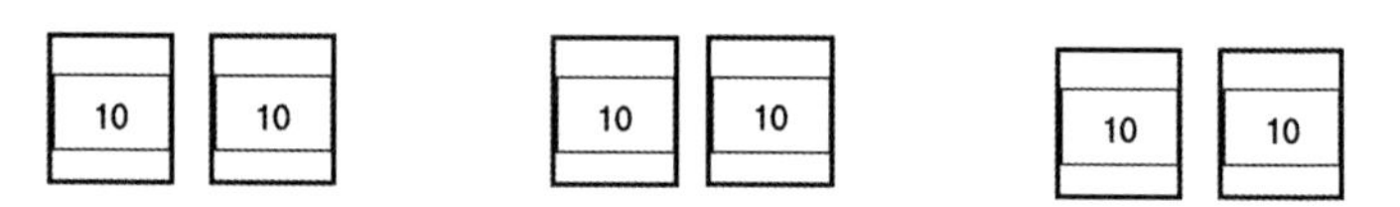

60÷3はいくつになる？　「20」60÷3＝20だね。こういう何十÷いくつのわり算はどうやって計算するのかな？　「0をとって計算すればいい」0をとれば6÷3になるね。0をとって6÷3＝2としてどうするの？　「0をつければいい」そうですか。でもなんで0をとってあとで0をつけることができるんだろう？

図を見て6÷3とみることはできる？　「10のたばが6個あるから、それを3人で分けると6÷3」そうだね。10のたばを基準にしてみれば6÷3が使えるね。だから0をとって6÷3とみていいんだ。0をとって6÷3＝2とやって、答えに0をつけるのはどうして？

「この2は10のたばが2個のことだから」そうだね。

じゃあ、600÷3だったらどうする？　0をとって6÷3が使えそう？　「使える」どうして？　「100のたばが6個あって、それを3人で分けると6÷3」

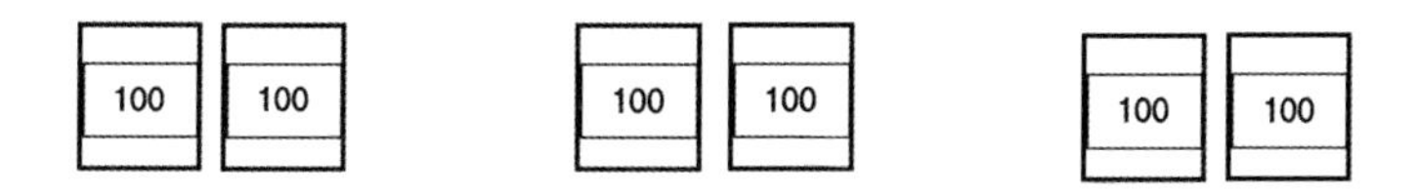

6÷3＝2としてどうする？ 「0を2個つける」「2は100が2個のことだから」今度は100を基準にしているといえるね。このことを100を“単位”にしているともいうよ。

6000÷3だったらどう？ 「同じ」「60000÷3でもできる」「もっと大きくなっても同じだよ」100を基準にしたり1000を基準にしたりと、基準とするものが変わってもどれも6÷3が使えるといえるね。

(2) 1けたでわるわり算の筆算

72枚の色紙を3人で同じ数ずつ分けます。1人分は何枚になりますか。

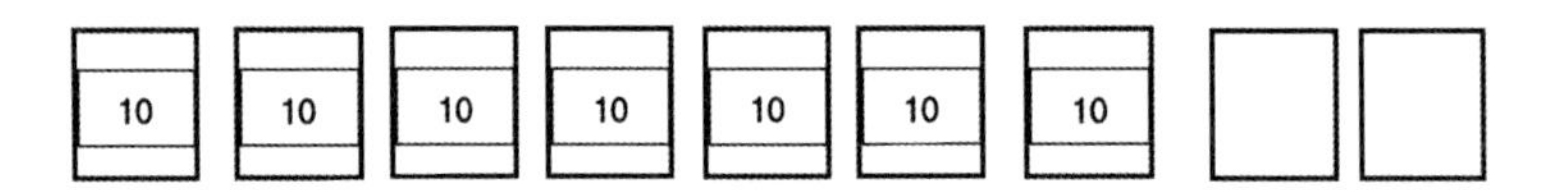

どんな式になる？ 「72 ÷ 3」そうだね。この計算の仕方について実際に分けて考えいこう。はじめに10のたば7つを3人で分けるとどうなる？ 「1個あまる」

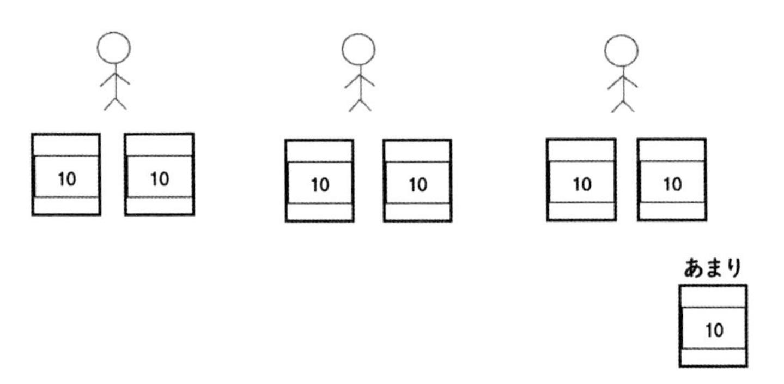

続きはどうなる？ 「分けられない」

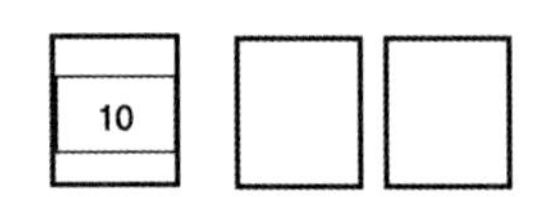

分けられないからどうすればいい？　「ばらす」そう、ばらせば12 ÷ 3はできるね。「4」

始めに10のたばを分けて7 ÷ 3をして、次に12 ÷ 3をしたんだね。このことを72 ÷ 3の筆算で表すとどうなるかな？

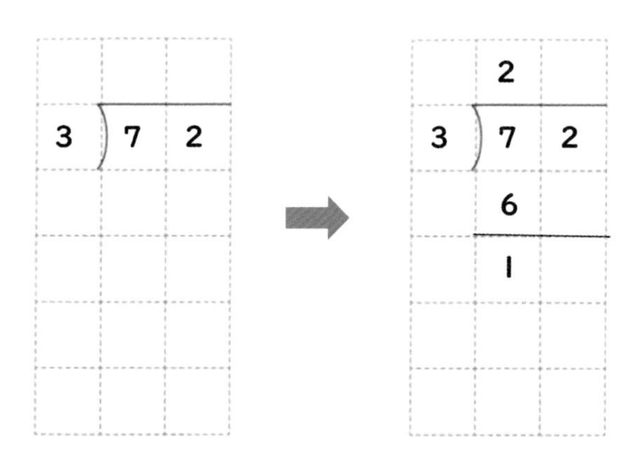

始めに7 ÷ 3をするね。これは10のたばを分けるところで、10を基準にして7 ÷ 3とみているといえるね。

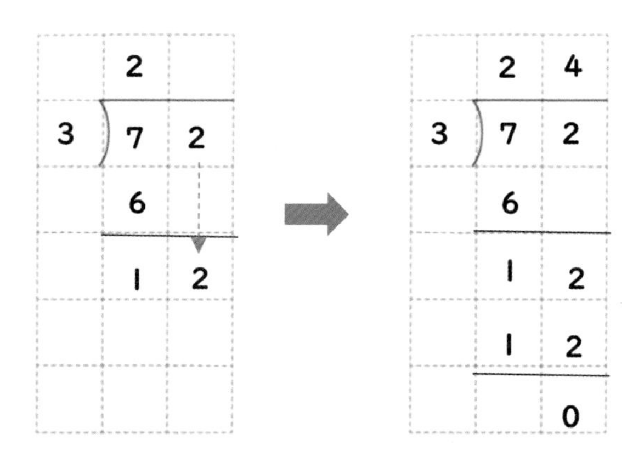

続いて12 ÷ 3をして4だから、答えは24になります。何十のわり算で出てきた見方が、わり算の筆算で使われているね。

(3) 何十でわるわり算

80枚の色紙を1人に20まいずつ分けると、何人に分けられますか。

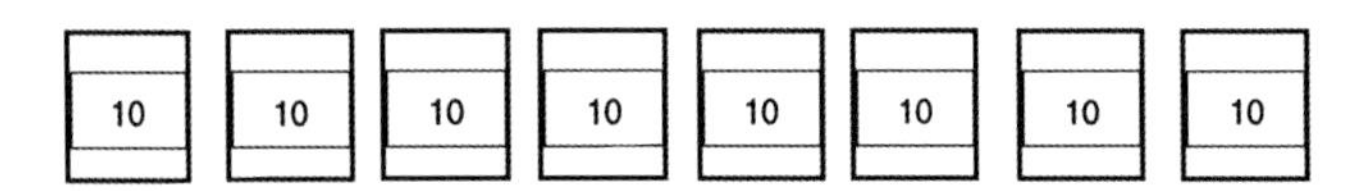

この場合はどんな式で表せる？「80÷20」今回は、わる数が“何十”という2けたの数になったね。前と同じように0をとって8÷2とできるのかな？「できそう」どうして0をとって計算していいのか説明できる？「これは、10を基準にして考えると、8個あってそれを2個ずつ分けるから8÷2」

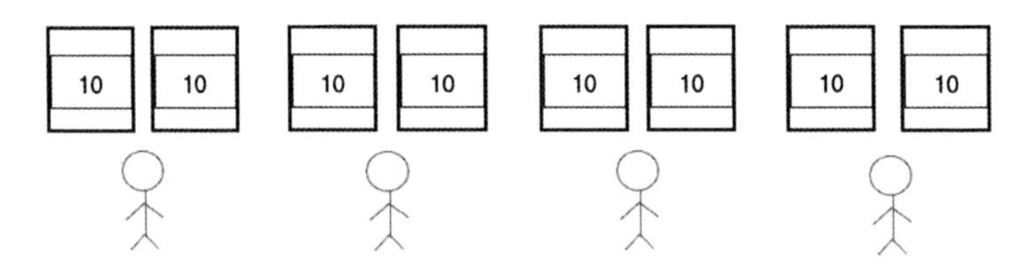

答えはどうなる？「4人」80÷20は10をもとにして8÷2と計算できるんだね。0をとって計算するけど最後に0をつける必要は？「ない」4は4人分を表しているから、計算の意味を考えれば今回は0をつける必要がないとわかるね。

800 ÷ 200だったらどう？ 8 ÷ 2が使える？ 「使える」今度はお金で考えてみようか。なんで8 ÷ 2なのか説明できる？

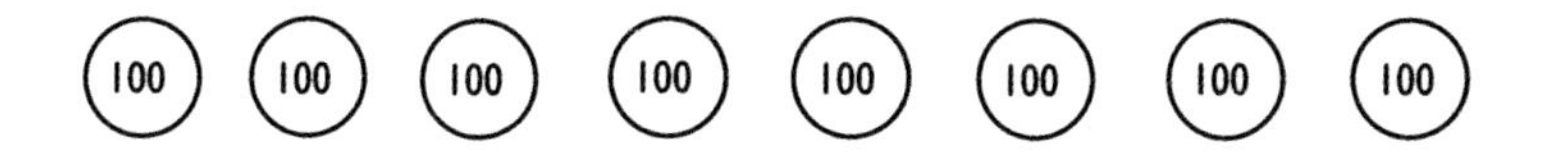

「100を1個と見ると8個を2個ずつ分ける計算だから」そうだね。800 ÷ 200は100をもとにして8 ÷ 2が使えるね。

(4) 2けたでわるわり算の筆算

84本のえんぴつを21人で同じ数ずつ分けます。1人分は何本になりますか。

式は？ 「84÷21」そうだね。これはだいたいでいうと80÷20とみることができるよね。筆算で計算するときもだいたいどれくらいか見当をつけながら計算していこう。

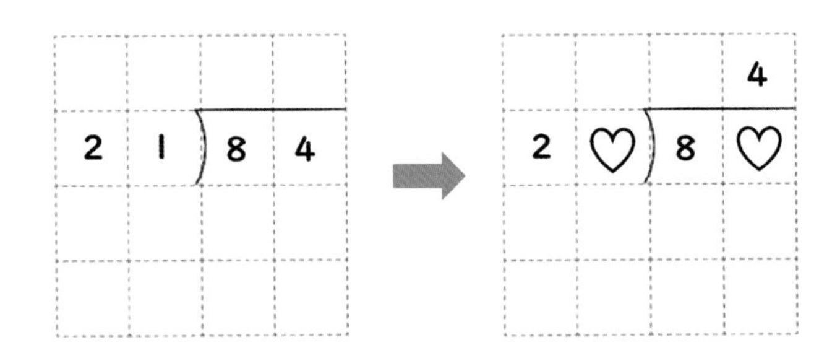

はじめに80÷20とみて4と見当をつけることができます。

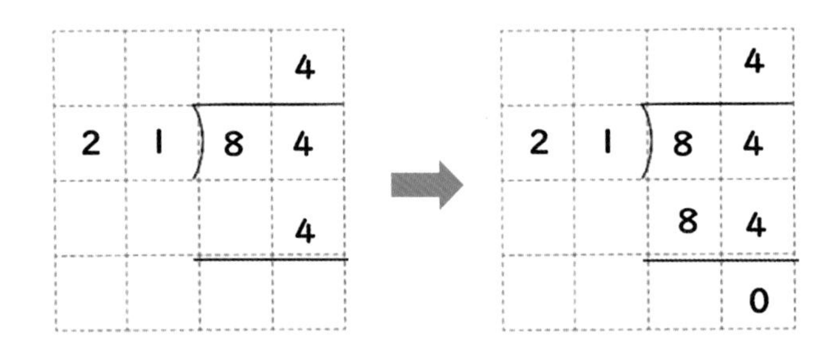

次に、一の位からかけ算をしていきます。

2けたでわるわり算の筆算は、前回学習した何十の計算を使って、だいたいどれくらいかを考えるといいんだね。

(5) わり算のあまり

3700÷500を次のようにやりました。

```
          7
500 ) 3700
        35
        ─
         2
```

合っているといえるかな？　「はい」「ちがいます」

ちがうという意見の人がいるけど、どこがちがう？　「あまり」あまりが2で、どうしていけないのかな？　説明できる？「100円玉で考えると（100をもとに考えると）、37枚を5枚ずつ分けるのと同じこと。2は100円が2個あまりだから、あまりは200にならないといけない」そうか。

式でも表してみるよ。

3700　÷　500　＝　7・・・200
↓÷100　　↓÷100
37　÷　5　＝　7・・・2

0をとって計算できるけど、あまりには0をつける必要が？「ある」これは注意が必要だね。100をもとに考えたからあまりの2は100が2個というようにもどしてあげないといけない。

何度も出てくるこの10を基準（単位）にしたり100を基準（単位）にしたりする見方は計算に活用できるけど、わり算のあまりには気を付けようね。

がい数

(1) 四捨五入(ししゃごにゅう)

およその数のことをがい数といって、およそ2000のことを約2000と表すよ。それでは、2368人は約何千人といえるかな？数直線に位置付けてみよう。

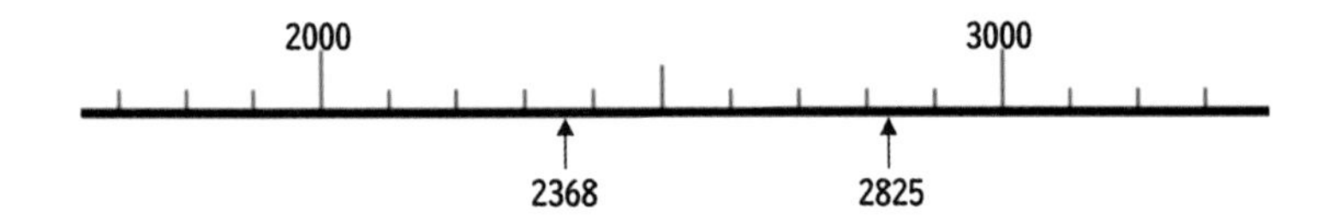

2368は約2000といったらよいか？　それとも約3000か？「約2000」そうだね。では、2825はどうかな？「約3000」そうだね。どうやって決めてるの？「真ん中より2000に近かったら約2000で、3000に近かったら約3000」それじゃあ2500だったらどうする？

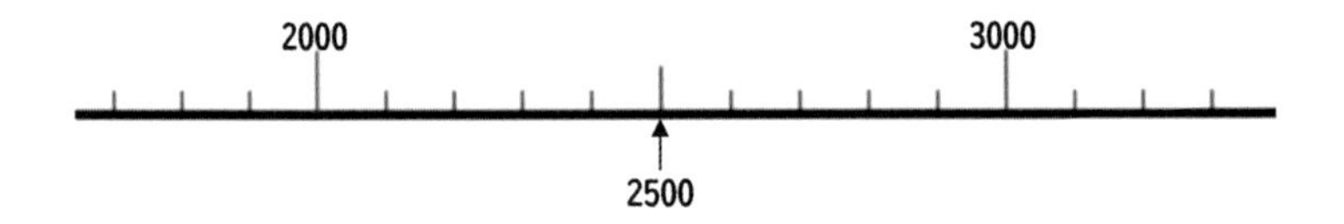

「2500は、2500。どちらでもないと思う」「2500は約3000だよ。だって四捨五入っていうし」なんで真ん中なのに、約3000なの？

「ゼロから数えて0、1、2、3、4までの5つ、5、6、7、8、9までで5つと見れば、半分ずつになるよ。そうすれば4まではこっちで、5からがこっちになるよ」なるほど、そういう見方もあるんだね。

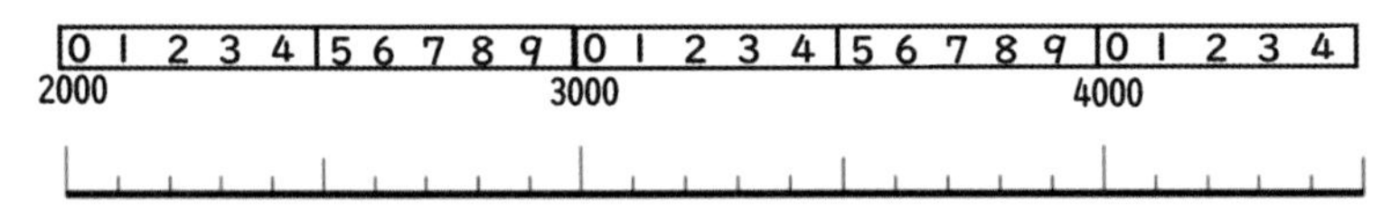

(2) 上から○けたのがい数

7869を上から1けたと上から2けたのがい数にしましょう。

まず、上から1けたのがい数にするにはどこを四捨五入する？「百の位の8」そうだね。じゃあ、上から2けたは？　どこを四捨五入する？「十の位の6」そうだね。上から2けたのがい数といったら上から3けためを四捨五入するんだね。だから、上から1けたといったら上から1けたは残すということだね。上から2けたのがい数にしたら上から2けた残すんだね。

	7869
上から１けたのがい数	約8000
上から２けたのがい数	約7900

では、0.347を上から2けたのがい数にしましょう。

こんな問題だったらどうする？「約0.3だと思います」どうして、0.3にしたんだろう？　どこを四捨五入してる？「4」一の位の0から数えて2つで、3つめを四捨五入したんだね。他の考えの人はいる？「最初の0を入れないで、0.347の7を四捨五入して約0.35だと思います。」

０．３５
０．３４７

他の考えの人はいますか？「約0.30だと思います」何でそうしたの？「4だから切り捨てで、0を残した」なるほど、ここに4があったんだけど、四捨五入したから約0.30ということだね。実は0.30と表すときはあって、1/100の位が確かに0だ、ほかの数字ではないという意味で0.30と表すことがあるよ。こういうのを有効数字といって、理科などで使われることがあります。でも今はおよその数を表しているから、約0.30と約がついたら、およその数なんだから1/100の位の正確さを示す必要はないので、この0は必要ないかな。なくてもよさそうだね。

正解をいうと、0.35が正しくて、最初の0は数えないんだ。では、5.024を上から2けたのがい数にしよう。これならどうかな？

「5.02だと思います。さっき0は入れないとやったから、4を四捨五入して5.02です」なるほど。答えとしては実はちがっているけど、学習したことをいかして説明ができているというところはすばらしいね。他の考えはありますか？

「約5です」「約5.0です。」どっちだろう？　上から2けただから、どこを四捨五入するのかな？「5からだから、2を四捨五入します」そうすると、正解は約5.0になるね。今度は1/100の位の2を四捨五入するから、1/10の位はもともと0という意味で残ることになるね。だから約5ではなく、約5.0が正しいんだ。

(3) 約3000ってどんな数？

約3000っていったら、どんな数といえるだろう？「上から1けただと……」“上から1けた”を使うの？「そうだよ。上から2けたもあるよ」上から何けたのがい数にして約3000になったかがわからないんだね。それでは、上から1けたのがい数で表したとき、約3000ってどんな数だろう？

どんなふうに表せる？「2500以上、3500未満」「2500以上、3499以下」以上、未満とか、以下を使うんだね。なるほど。どっちがいいかな？「整数だけなら以下でもいい」どういうこと？「整数だけじゃないなら3499.999……までが上から1けたのがい数にしたとき約3000になる」そうか。問題が整数だけか、整数だけじゃないかによって変わるんだね。

ちなみに、上から2けたのがい数にして約3000になるのは？「2950以上3050未満」整数だけなら「2950以上3049以下」ということだね。

工夫して数えよう

先生は、妻（つま）にこんなダイヤモンドのネックレスをプレゼントしました。

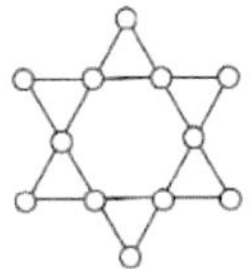

ダイヤは何個かな？　工夫して数えてみよう。どんな式で表せる？

「4×3」どこに4×3があるんだろう？

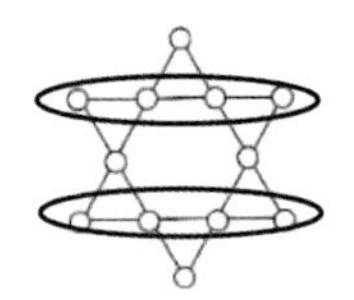

確かに、こう見ると4×3だね。

「5×2＋2」これはどうみたのかな？

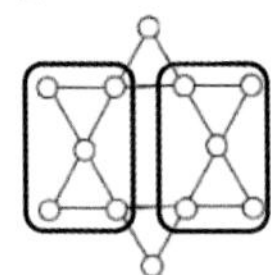

まだある？

「6×2」6×2？　どうみたんだろう？　誰（だれ）かわかる？

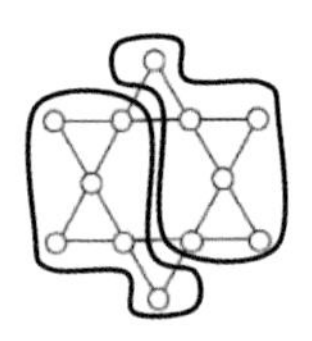

「ほかにもある！」

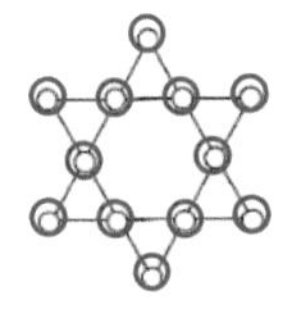

「こうみれば、六角形が2個ある」いい考えだね。

それでは、町で見かけたこれは何かわかる？

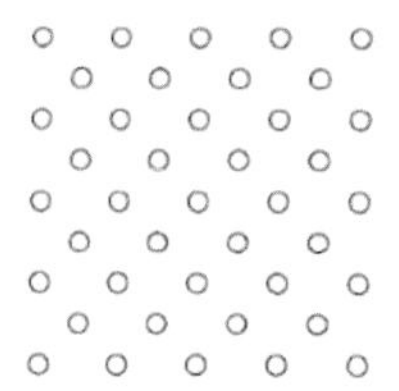

※この配列の点字ブロックは、現在は規格外（きかくがい）となっています。

「点字ブロック」よく知ってるね。これはいくつだろう？

図を配りますから、さっきみたいにかき込（こ）んだりして工夫して数えてみよう。

こういう式で表している人がいるよ。

“10 × 4 + 1 = 41”

「なるほど」えっ、これ見ただけでわかったの？　「はい」

この図に10はあるのかな？　「はい」適当（てきとう）に10個ずつのまとまりを作った人もいるみたいだね。

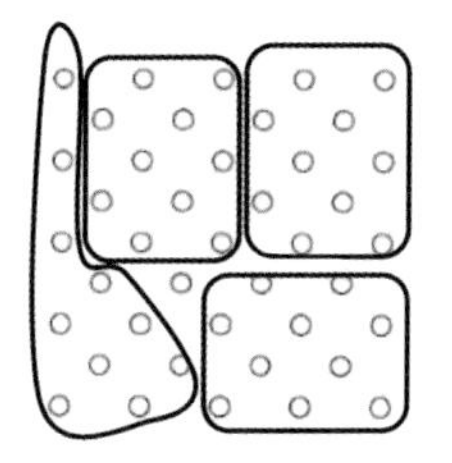

そういうふうに10個ずつまとめる数え方もあるでしょうけど、もっと工夫して数えられないかな？“こうみれば10が4個ある”っていうまとまりの見方はできない？　誰か10を上手に4個取れた人？「こうだと思う」

「あー、そうということか」

こういうふうにみれば、確かに10のまとまりが4つあるとみられるね。そうすると1個あまるから＋1しているんだね。こういう数え方を考えた人も、式をみて当てた人もすばらしいですね。

もう1つ紹介します。“5×5＋4×4”実はこの式を書いている人が多かったみたいです。どのようにみたら5×5が見えますか？「縦でも横でもできるんですけど、縦でみると5のまとまりが5個と4のまとまりが4個ある」

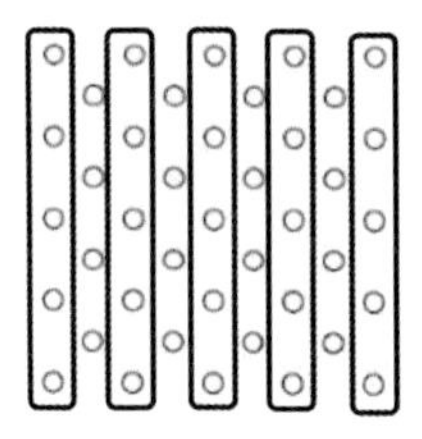

こうみると5×5で、「残ったところは4×4」そうだね。合わせると「41」。

今回の学習を振り返ると、まず、まとまりを作って工夫して数えることができるということと、工夫した考えは式で表すと式だけを見て友だちがどう考えたかを推理することができたね。式というものは、計算する道具として使えるだけではなく、意味や考え方を表すものととらえることができるね。

面　積

(1) 広さの表し方

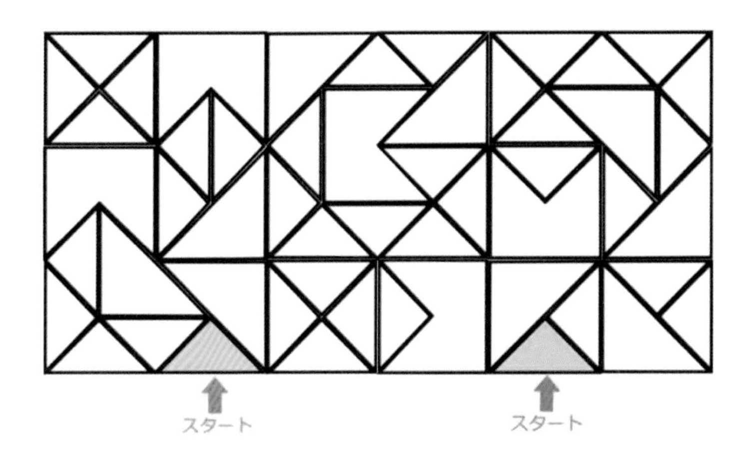

じんとりゲームをします。どちらかが赤、どちらかが青を使います。ゲームをしながらルールを説明するね。先生が赤、みんなは青としよう。それでじゃんけんをします。勝ったら1個ぬることができます。ぬれるのはスタートから出発して、辺がくっついている図形です。じゃんけんを8回やって、広い方が勝ちです。さあ、やってみよう。

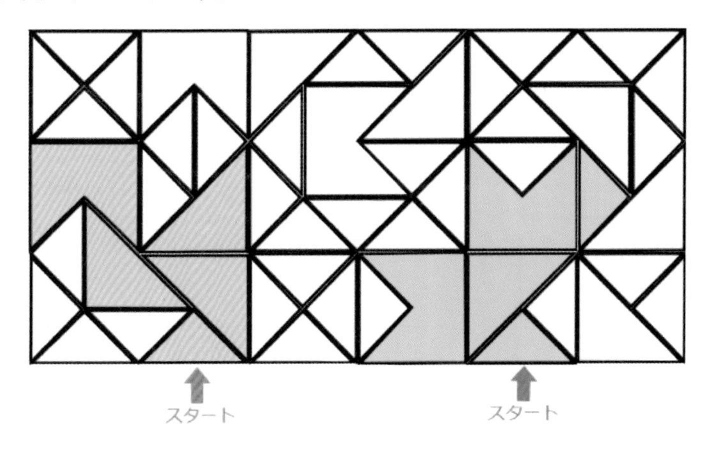

こんな結果になったけど、どっちが広いかをどうやって比べたらいい？　「赤が4つで青が4つだから引き分け」「それだと、何が4つなのか分からない」

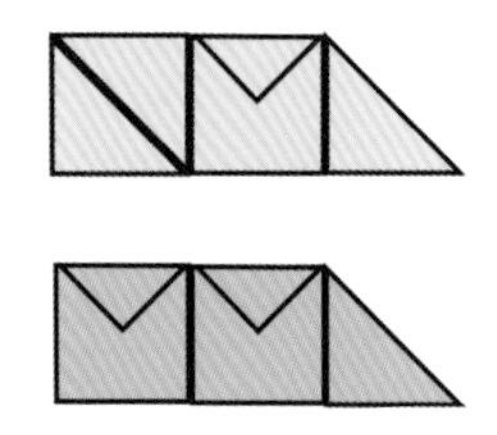

「こんなふうに並べたら引き分けだとわかる」なるほど。

じゃあ、となりの人と対戦してみて。ただし、じゃんけんは8回まで、9回はやらないで。

それでは、今じゃんけんをどのペアも8回やりました。結果がクラスでいちばん広いのは誰ですか？　どうやって比べたらいい？

さっきみたいに全員自分のを並べ替える？　「いや、それはたいへん」「全部、$\frac{1}{4}$の大きさにする」$\frac{1}{4}$って？　「最初のスタートの形にして、それで組み立てればいい」「あー」どういうこと？「このいちばん小さい三角形を使うと、みんなの形が全て作れる」それで何でクラスの1位がわかるの？　「そうするとその三角形が何個あるかで表すことができるから」なるほど。

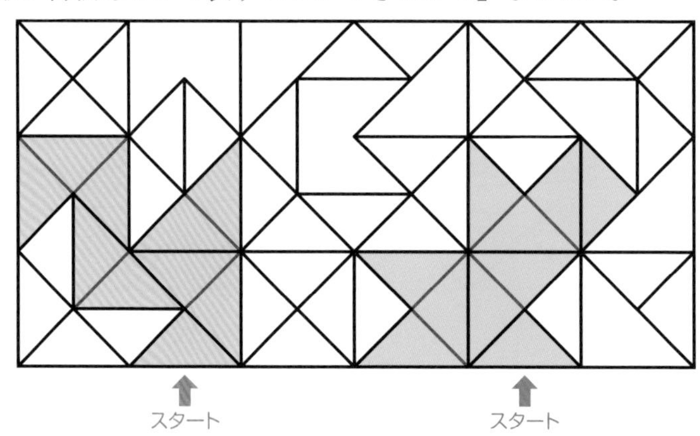

みんな自分の図形がいくつか数えてみて。最初のスタートの図形も入れていいよ。

15個分の人が1位でした。こういうふうに広さを数で表せば比べやすいね。最初の並べ替えたり合体させたりする比べ方もいいけれど、場合によってはこっちの方が便利だね。例えば？　「大人数のとき」そうだね。それでは、広さってどういうふうに比べられるかノートに振り返ってかこう。

「広さを比べるときは、小さい三角形を使うとよい」確かにそうだったね。じゃあ、今日の図形をノートにかいてみて。方眼（ほうがん）にのせるから。

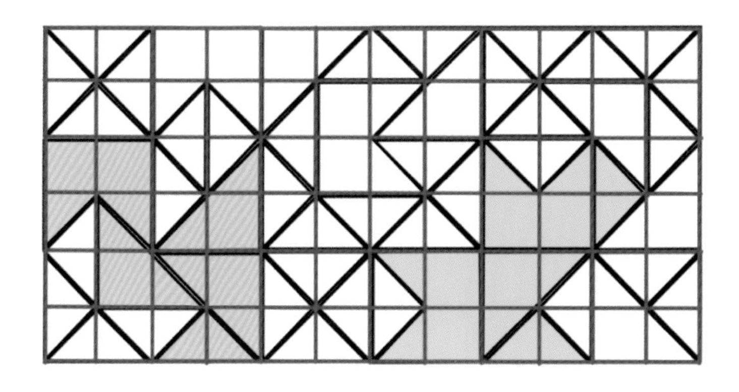

よく見て。何か気付いた人いる？　「ますを数えた方がいい！」こう見たら、ますを数えればいいね。つまり、広さを比べるには、どうするといいといったらいいんだろう？　「基準を決めればいい！」

そうだね。広さを比べたり表したりするには、基準となる1を決めればいいといえるね。

(2) ピックの定理

面積が12cm²の図形をかいてみよう。どんな図形ができる？

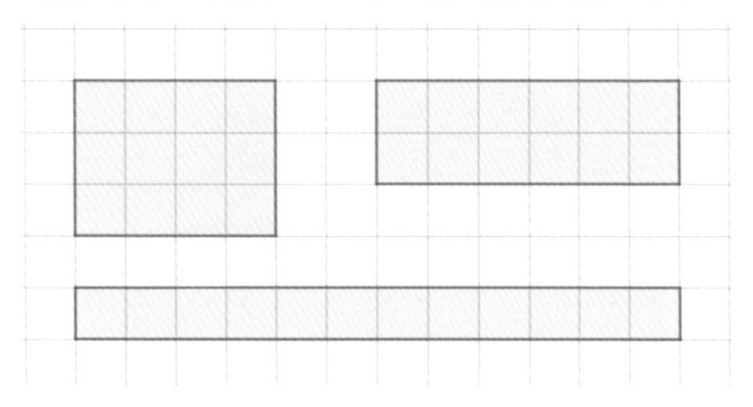

他にもこんなのをかいている人がいるね。

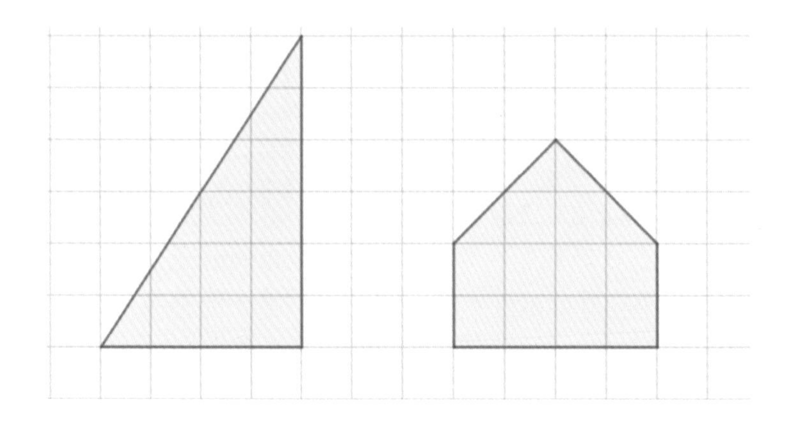

では、これらの図形の、方眼上の点を打ってみるよ。

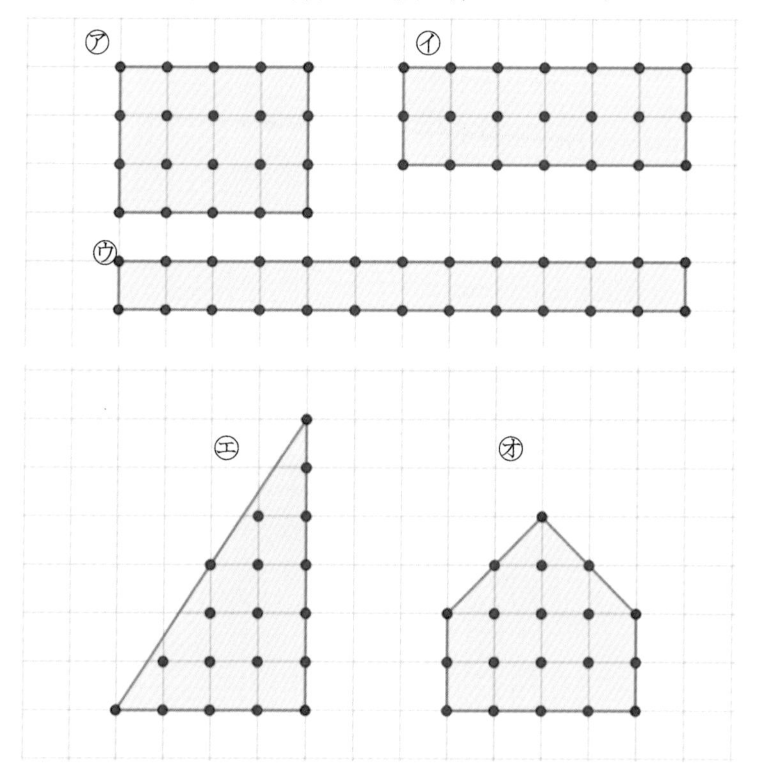

図形を㋐～㋔とすると、㋐～㋔の図形の辺上の点と図形内部の点を数えて表に整理してみよう。

	㋐	㋑	㋒	㋓	㋔
辺上の点の数	14	16	26	12	12
内部の点の数	6	5	0	7	7
面積	12	12	12	12	12

点の数と面積の間に何かきまりは発見できないかな？「㋓と㋔がちがう形なのに同じだから、きまりがありそう」そうだね。「でも見つけられない」

そんなときは特ちょうがありそうなところに着目してみるといいよ。㋒を見るとゼロがあるよね。㋒の図形で考えてみると、点の数が26で面積は12だから、どういう関係？　「2でわって1ひいてる」そうだね。他の図形にもそれが使える？　「使えない」「使える」「辺上の点を2でわって1ひいた数に、内部の点をたせばいい」気が付いた？

辺上の点÷2−1＋内部の点＝面積

という関係がありそうだね。本当に成り立つか確かめてみよう。

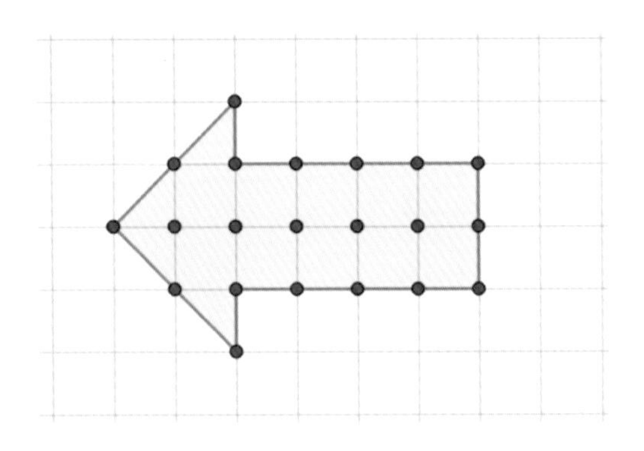

辺上の点は「16」、内部の点は「5」。
「16 ÷ 2 − 1 + 5 = 12」確かになったね。

(3) 芝生(しばふ)の面積

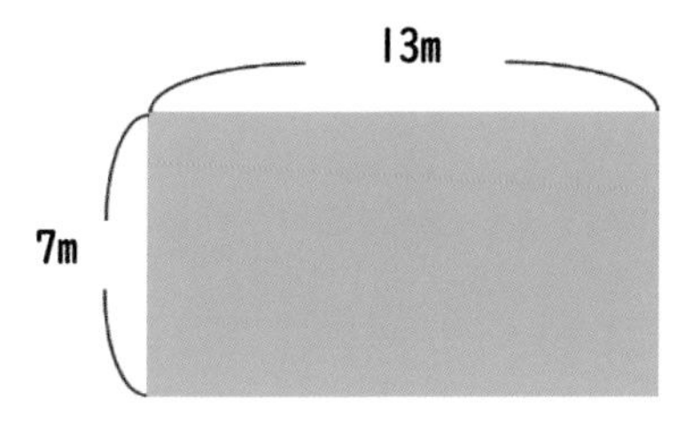

今回の問題はこれ。7m × 13mの芝生の土地があります。面積は？

「7 × 13で91m²」

ではここに、幅(はば)1mの道が図のようにあったら、芝生の面積は何m²ですか？

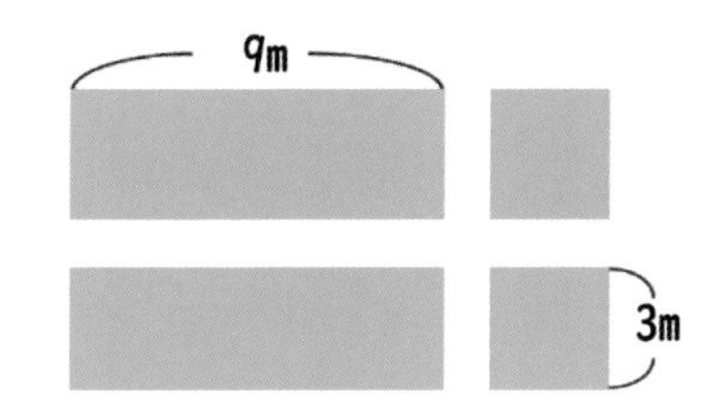

「13 − (9 + 1) = 3
7 − (3 + 1) = 3
(3 × 3) × 2 = 18
(9 × 3) × 2 = 54
18 + 54 = 72　　答え72m²」

「正方形の部分と長方形の部分をそれぞれ求めて2倍した」なるほど。途中(とちゅう)の式がよくかかれていて、どうやったかがよくわかるね。では、もう少し簡単(かんたん)な方法でやった人は？

「91 − (1 × 13 + 1 × 3 + 1 × 3)」

これは、みなさん、どうやったかわかる？「道の面積を引いている」"1 × 3 + 1 × 3" としているけど、"1 × 7" じゃどうしてだめなの？「重なってしまうから」重なる？

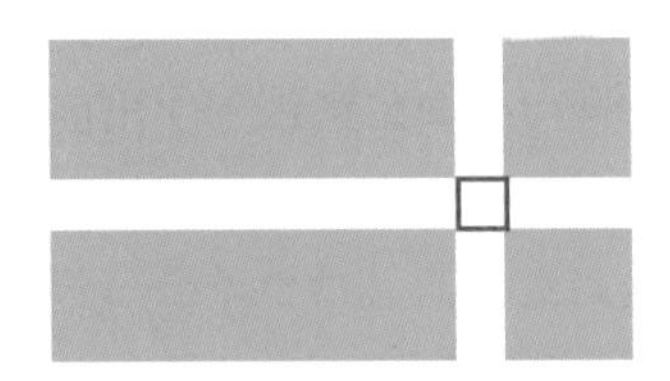

「ここのところ」そっか。じゃあ、1×7は使えないんだね。「いや使える」「91－（1×13＋1×7－1×1）とすればいい」なるほど。重なる部分を引けばいいんだね。

別のやり方はまだありますか？「(7－1)×(13－1)」「これがいちばん簡単」そうなの？　どうやってやっているか言える？「道を寄せる」道を寄せるのも、寄せ方がいろいろあるからあえて図はかかないね。道を動かすという考えが出たけど、芝生の方を動かすと考えた人いない？「いるよ」何てかいた？「芝生をくっつける」そっか。道を動かすか、または、芝生をくっつければ求める面積はただの長方形になるね。

変わり方

(1) 正方形の階段（かいだん）

1辺が1cmの正方形を次のようにならべます。15段のときの周りの長さは？

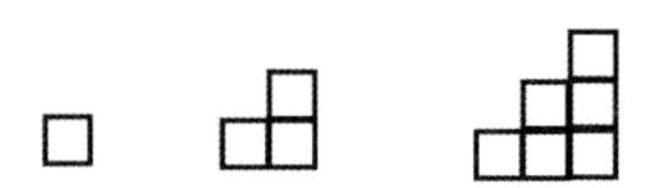

どういうことをしていくのがいい？ 「表をかく」表をかいていくのがよさそうだ、そう考えた人がけっこういるね。1段目、2段目、3段目……と調べていけばよさそうだね。実は、表をかけば答えは出ますね。でも15段までの表かく？ 15段くらいなら書けなくもないですが。「どこかできまりが見つかる」そうだね。15段まで表を書いて答えを出すのは、よりよいやり方かというとそうでもなさそうですね。最初の方だけ調べてみると、

段の数	1	2	3	4	5	6	7
周りの長さ	4	8	12				

4段目も図をかいてみたという人もいるね。表をかくというのが出たけど、図をかいてみようとするのも考え方としてはいいですね。4つ目の図をかくとよい理由が言える人？ 「きまりを見つけるため」でも、3段の時点でもうきまり見えない？ 「見える」じゃあ、なぜ4つ目の図をかくのか、そこのところ説明できる？「3つ目までで4をかけるというきまりは見つかるんだけど、それをもう1個やって確かめる」そうだよね。4つ目の図をかく理由は、きまりは3つ目まででもうわかってる、でもそのきまりが本当に確かなものなのかを確かめるために4つ目の図をかく。かくべきですか？ 「かくべき」そうですね。かいてある人の方が

よいですね。

4段できまりに従ったらいくつになる？ 「16」図をかいて実際の長さで確かめてみたら「16」きまりはまちがいなさそうだといえるね。ところでどんなきまりがあるの？ 「1段ずつ上がるとともに長さが4ずつ増える」「段の数に4をかけると周りの長さになる」

段の数	1	2	3	4	5	6	7
周りの長さ	4	8	12				

×4　×4　×4

+4　+4

表を横にみたきまりと、縦にみたきまりがあるということだね。表を縦にも横にもみて規則性が見つけられていいですね。15段のときの周りの長さはどんな式？ 「15×4」そうだね。それで答えは60cmとわかるね。表を縦にみたときのきまりを使えば計算で周りの長さが求められるよ。段の数を□段、周りの長さを○cmとすると、□と○の関係はどんな式で表せる？

「□×4＝○」でも、なぜ段の数に4をかけると周りの長さになるんだろう？ 「こういうふうに見ればいい」段の数を1辺とした正方形の周りの長さとみられるんだね。

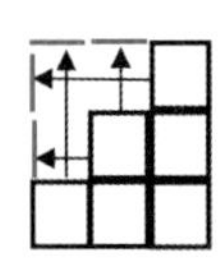

(2) 切　手

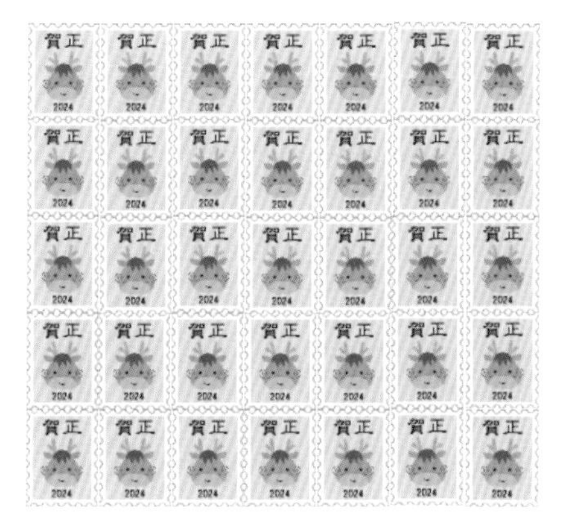

上の図のようにつながっている35枚の切手があります。これを全て切り分けるには、何回操作が必要ですか。

1回の操作を“1つのまとまりを直線で切り分けて2つにすること”にします。例えば、こういふうに切り分けて1回。

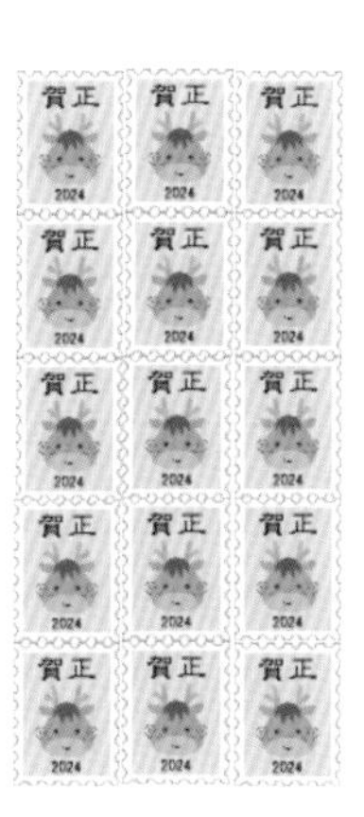

“直線で切り分ける”といっているから、途中では曲がらないよ。それから、2枚いっしょに重ねては切らないということだよ。わかった？　考えてみて。

どうやってやった？

「まず、かたまりから、横を先に切っていきます。次に、縦を1枚ずつ切っていかないといけない」

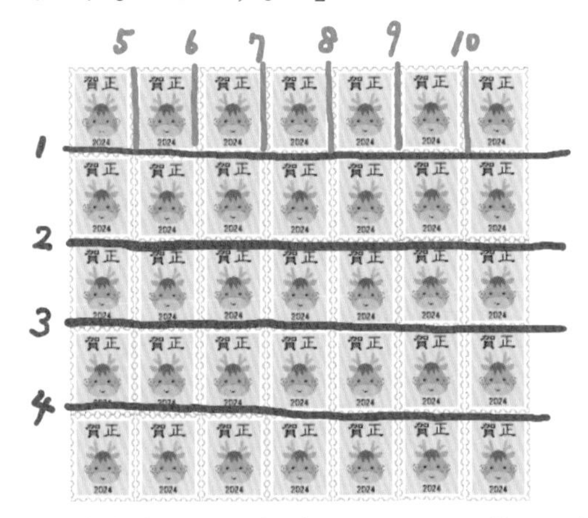

こうやってやると何回で切り分けられた？「34回」

別のやり方は？「まず縦に6回切って、重ねちゃいけないから、横に1個ずつ切っていく」「さっきと似てる」全部で何回？「34回」

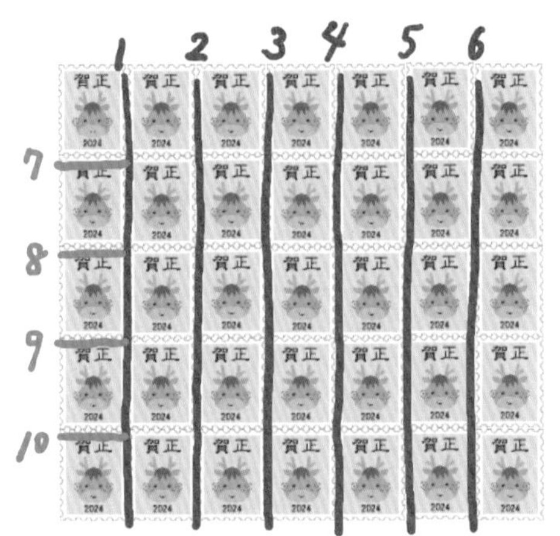

別の切り方をした人は？

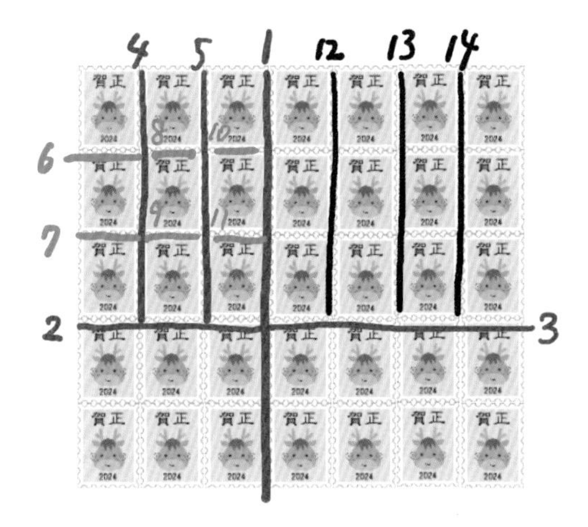

やっぱり34回だ。どうしてちがう切り方なのに34回なの？
「例えば、横に7枚あったら切り目は6個」
「もしも1枚のときは切る回数は0回で……」「わかった。表にできる！」

切手の数（枚）	1	2	3	4	5	6	7
切る回数（回）	0	1	2	3	4		

「2枚のときは1回」

もしも3枚だったら、こういう場合があるけど回数は？　「2回」「4枚だったら3回」「全部、切手の数－1になってる」
だから35枚だったら34回なんだね。
今回は、“もしも1だったら、2だったら……”と考えるのが有効だったね。それを表にしたらいいんじゃないかという意見もあったね。何で表にしたらいいの？　「表にしたら規則性が見えやすい」今日のまとめをすると？　「35枚だとちょっと多かったから、大きい数を考えるときは小さい数をもとにして考えるとよい」
「表にすると法則（ほうそく）がみえやすい」

(3) パンケーキの問題

> 2枚のパンケーキのそれぞれの片(かた)面を2分間で焼くことができるホットプレートがあります。このホットプレートで3枚のパンケーキを焼くには時間がどのくらいかかりますか。それはいちばん速い方法ですか。

問題はわかった？　誰か説明して。
「ホットプレートがあって、このホットプレートには1回で2枚置けます。それで、パンケーキは上の面と下の面があって、片方ずつしか焼けないから、上2分、下2分かかる。3枚焼くのに何分かかるかという問題」問題がよくわかってるね。

答えはいくつになった？　「12分」「8分」「6分」

12分だと思う人で説明できる人？　「やっぱりちがいました」12分はちがっていたことに自分で気付いたんだね。ちがっていることに自分自身で気付いて修正(しゅうせい)できるのはすばらしいね。それでは、8分だと思う人で説明できる人？　「まず2枚を焼く。両面焼くのに4分かかる。あともう1枚の両面を焼くのに4分かかるから、答えは8分」そうか。6分は無理そうだね。「いやできるよ」できるの？　じゃあ8分だと思う人は、6分でできないかどうかもう少し考えてみて。もう6分でできるとわかっている人は、パンケーキが4枚や5枚だったらどうか調べてみるのもいいね。

どう？ 6分でできた？　「はい」説明できる？　「図でかいていいですか？」

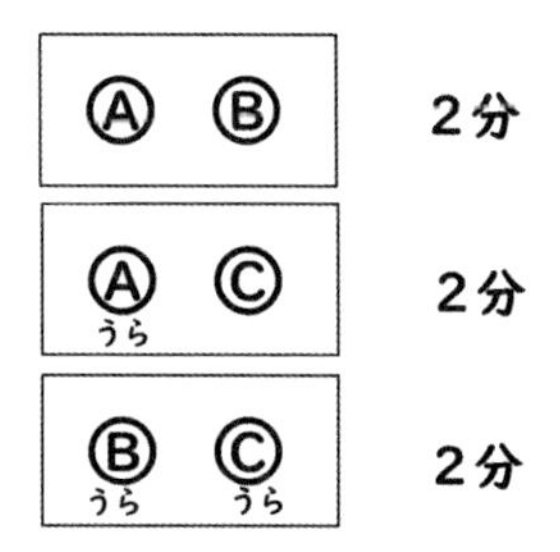

「A、Bを使ってわかりやすくして、A、Bの片面で2分、次に3枚目のCを置いてAのうらとCで2分、これでAが焼けたから最後にBのうらとCのうらを焼けばいい」

おー！！　わかりやすい説明だね。納得（なっとく）しました。

早くから6分だと気が付いていた人の中には、パンケーキが4枚や5枚だったらどうかを考えている人もいるので紹介（しょうかい）するね。

パンケーキが4枚だったら？　「8分」「それはすぐわかる」そっか。じゃあ、5枚だったら？　「10分」説明できる？　「3枚を6分で焼けることがわかってるから、あと2枚は4分で焼けるから、5枚は10分」3枚は最短6分で焼けるのはもうわかっているから使ったんだね。「法則わかった」

パンケーキの枚数（枚）	1	2	3	4	5	6	7
時間（分）	4	4	6	8	10	12	

「2ずつ増えてる」7枚のときは予想できる？　「14分」確かめてみた？　「3枚で6分と4枚で8分だから、7枚は14分」「前のを合わせてみればできる」そう考えるとこの法則は確かだね。

5年生

小数のわり算

(1) 小数でわるってどういうこと？

> □Lで360円のジュースの1Lあたりの値段は何円ですか？

□が2だったら1Lの値段を求める式はどうなる？

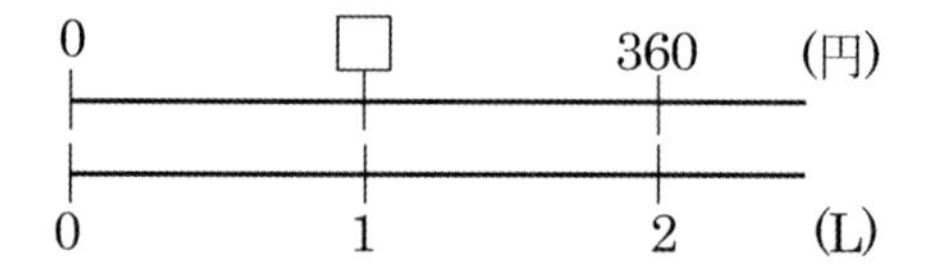

「360 ÷ 2」2等分すればいいよね。

□が3だったらどんな式？

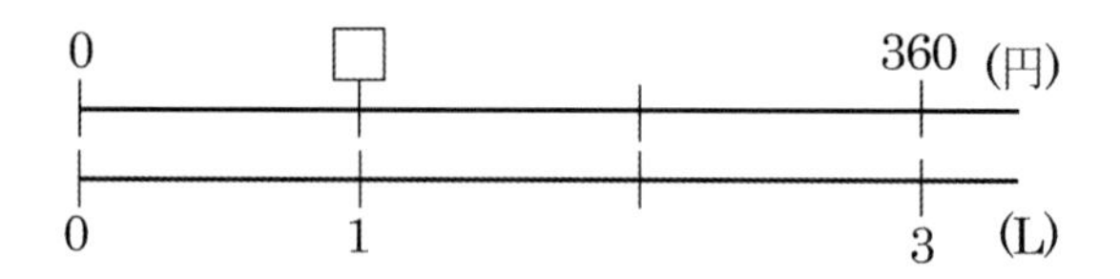

「360 ÷ 3」3等分すればいいね。

では、□が1.8のときは？

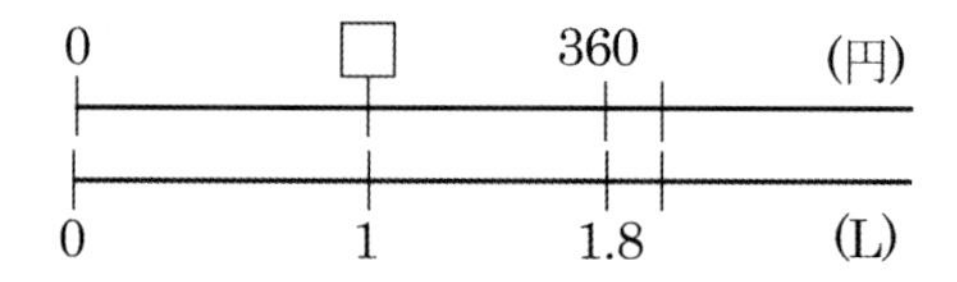

「360 ÷ 1.8」÷小数になったね。2Lや3Lのときと同じように、360 ÷ 1.8で1Lの値段が求められると考えられるね。2等分とか3等分はできるけれど、1.8等分ってできるの？

今回は、360を1.8でわる計算がどんな計算なのかをよく考えてみよう。

「1.8を10倍して整数にすればいいんじゃない？」

360÷1．8＝
**　　　↓×10**
360÷1　8＝20

「答えは360÷1.8の$\frac{1}{10}$になってしまうので、×10をすればいい」なんで$\frac{1}{10}$になってしまうの？「わり算は、わる数を10倍すると答えは$\frac{1}{10}$になる」「だから20を10倍すればいい」

360÷1．8＝200
**　　　↓×10　↑×10**
360÷1　8＝20

「かけ算のときは、かける数を10倍したら、答えも10倍になったのに……」「1.8は0.1の18個分だから、360÷18で0.1Lの値段がわかる」図にしてみようか。

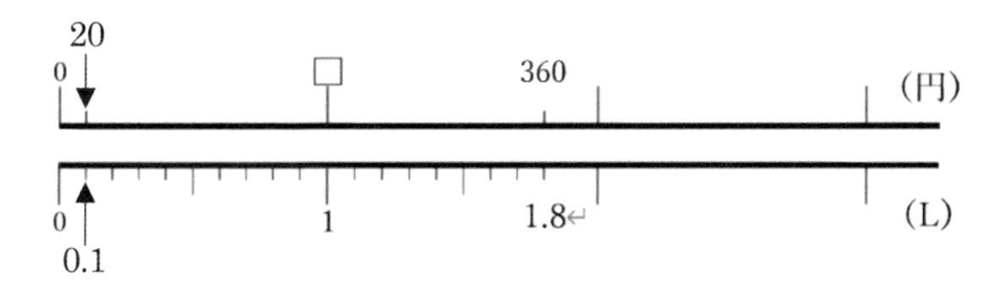

0.1Lで20円だから1Lは10倍して200円なんだね。
「dLでも考えられる」「1.8Lは1dLが18個あるから、18でわればいいdLの値段がわかる。1Lの値段はその10倍」なるほど。0.1Lは1dLだからね。
別の考えをした人は？「わられる数とわる数を両方とも10倍すれば、整数の計算になる」

360　÷1．8＝
↓×10　↓×10
3600÷1　8＝200

こうすると3600 ÷ 18 = 200だけど360 ÷ 1.8はいくつになるの？「わり算のきまりで、わる数とわられる数を両方とも10倍しても答えは変わらないから200になる」「確かめてみると200 × 1.8 = 360になった」「両方10倍すると、18Lの値段が3600円ということだから、3600 ÷ 18で1Lの値段がわかる」図に表してみようか。

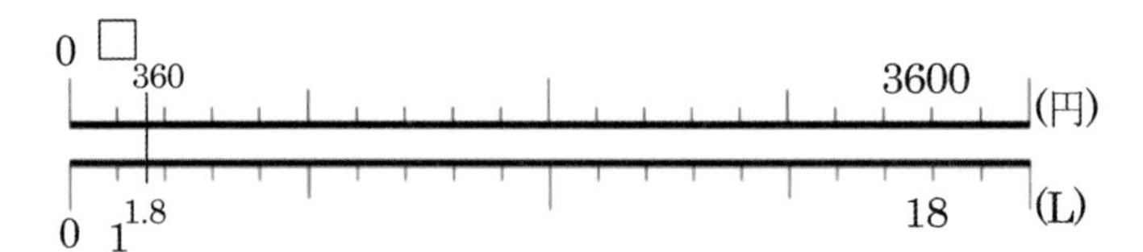

結局、360 ÷ 1.8で何が求められるの？「1Lの値段」そう。1.8でわっても“1にあたる量”が求められるということだね。その計算はどうやってやっているかというと？「÷ 18にした」「整数に直した」そうだね。

まとめを自分でかいてみよう。

みんながまとめたものをテキストマイニングで分析（ぶんせき）するとこんなふうになったよ。

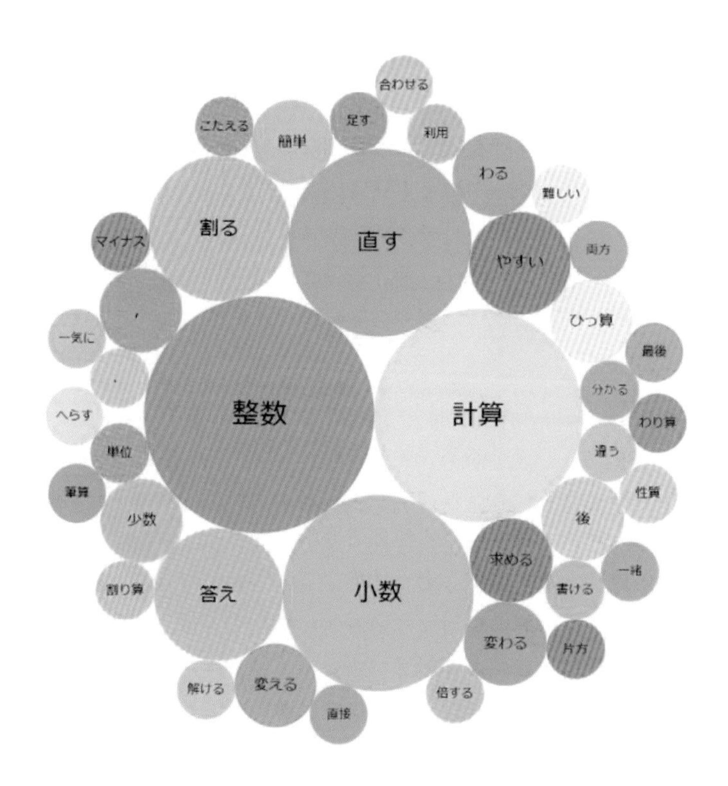

÷小数の計算は、小数を整数に直して計算しているということだね。それで何が求められるの？　「1Lの値段」そう。“1にあたる量”が求められるんだね。“小数でわるってどういうこと？”っていったら“1にあたる量”を求める計算なんだね。

(2) わり算のあまり

> 2.7mのテープを0.6mずつ切っていきます。0.6mのテープが何本できて、何mあまりますか。

式がいえる人？「2.7 ÷ 0.6です」そうだね。じゃあ、筆算でやってみようか。まず、両方10倍して小数点を消して、27 ÷ 6で商は4が立つね。ろくし24だからひき算して、3だね。この後どうする？ 0を下ろして、30 ÷ 6で4.5でいい？

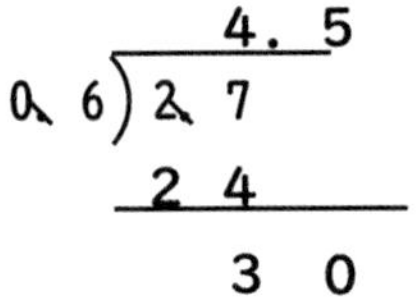

```
         4. 5
0、6 ) 2、7
       2 4
       ――――――
         3  0
```

「ダメ」なんでダメだか言える人？「何本できて、何mあまりますかって聞いてるから、4.5本できてあまりゼロではおかしい」そうか。4で止めなきゃいけなかったんだね。

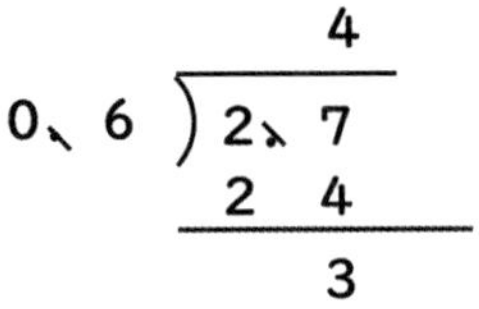

```
            4
0、6 ) 2、7
        2  4
       ――――――
           3
```

それなら、こうして4本できて3mあまるね。
「ちがう」何がおかしいか説明できる人？「0.6mずつ切るから、3mあまったら、まだ0.6mがとれる」たしかにそうだね。「最初が2.7mなのに3mあまるはずがない！」そうか。じゃあ、あまりは3mではなさそうだね。「0.3m」あまりは0.3mって言っている人がいるけど、なんでそうなのか説明できる人は？「確かめ算をしてみたら、0.6 × 4 = 2.4だから、2.4 + 3だったら5.4mになっちゃうから、0.3だったら、2.4 + 0.3 = 2.7になる」
確かに。あまりは0.3で間違(まちが)いなさそうだね。

図で考えることもできるね。

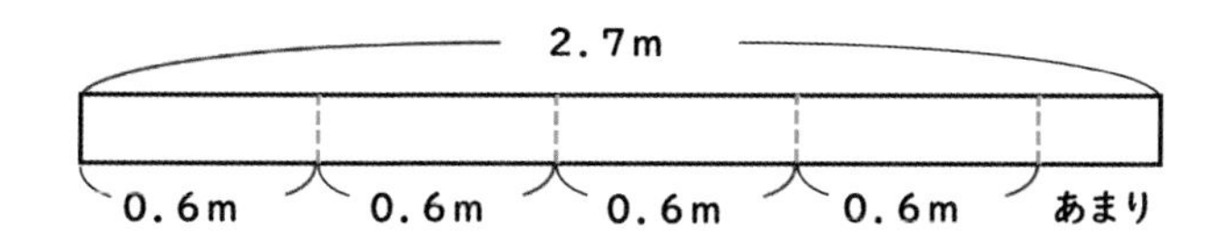

こうかいてみると、あまりはやっぱり0.3mだね。筆算でみると、もとの小数点を下ろすことになるね。何でだろう？

2.7　÷　0.6＝　4・・・3
↓×10　　↓×10
27　÷　6＝　4・・・3

式でかいてみると、こういうことだけど……。2.7÷0.6も両方を10倍した27÷6もわり算のきまりから等しいはずだよね。でもこう書くとちがうの？　「うん、ちがう」

2.7　÷　0.6　＝4.5
↓×10　　↓×10
27　÷　6　＝4.5

これはオッケーかな？　「合ってる」じゃあ、あまりがあるときはなんでダメなの？　「2.7は0.1が27こだから、それを6でわって、あまりの3は0.1が3こということ」「もどさないといけない」整数に直して計算しても、あまりはもともとの基準にそろえないといけないということだね。

ペッグゲーム

中央を1個分だけ空けて、左右に黒と白の石を5個ずつ並(なら)べる。

1度の操作(そうさ)で1個を1ます動かすか、色のちがう石を1個だけとびこすことができる。同じ色の石を何回続けて動かしてもよい。

このようにして、黒、白の石をそっくり入れかえたい。もっとも少ない回数で動かすには、何回動かせばよいか。

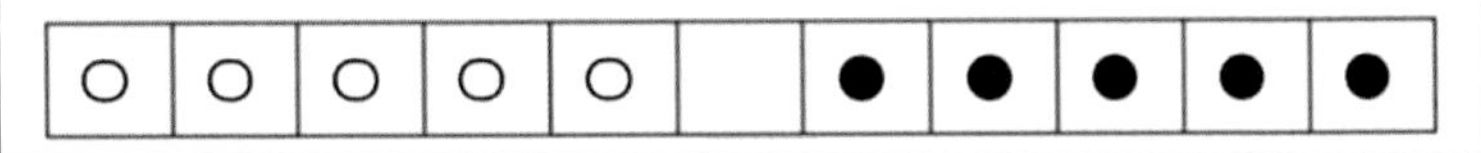

まずは試してみよう。

やってみて何か気が付いたことといえる？「同じ色が途中(とちゅう)で並んじゃうとダメ」「交互(こうご)に並ぶようにやるといい」

どうやって考えていくのがいいのかな？ 5個はちょっと多くて難(むずか)しいね。「減らして考えればいい」そうだね。

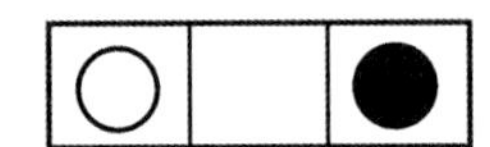

1個ずつだったら何回？「3回」すぐわかるね。2個だったらどう？ やってみて。

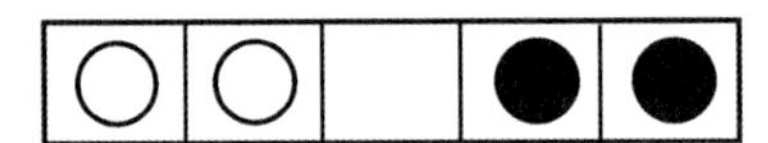

どうだった？ スタートはどっちからやっても反対なだけで同じことです。今は白からやってみるね。

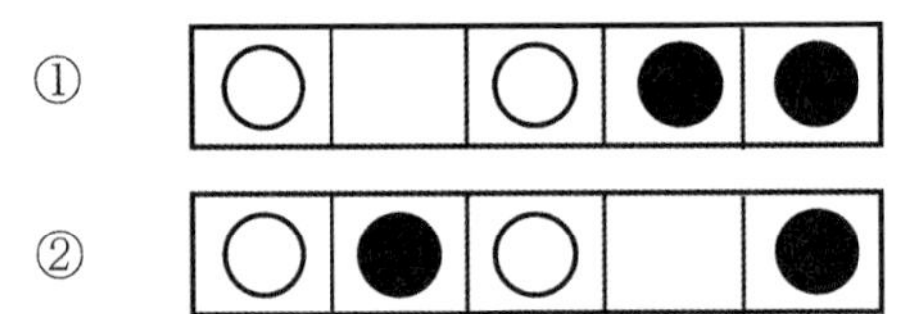

3回目をどうするかがどうやらポイントだね。3回目はどっ

ち？　「黒」そうだね。ここで白にすると最初にいっていたように同じ色が途中で並ぶことになってしまうからね。

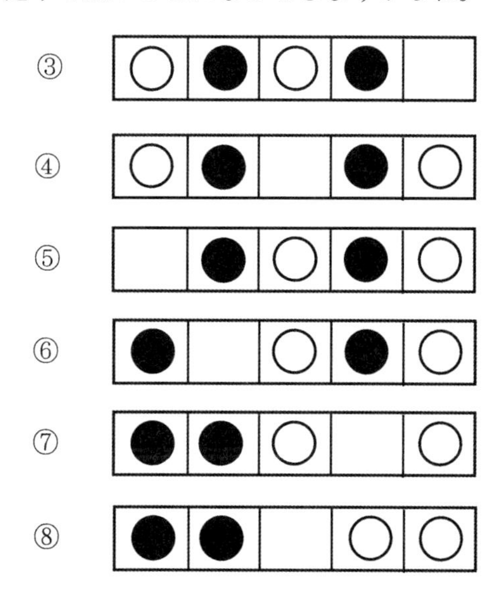

これで8回だね。これでわかった人はもとの問題にもどってもだいじょうぶかもしれないけど、一応3個でもやってみよう。

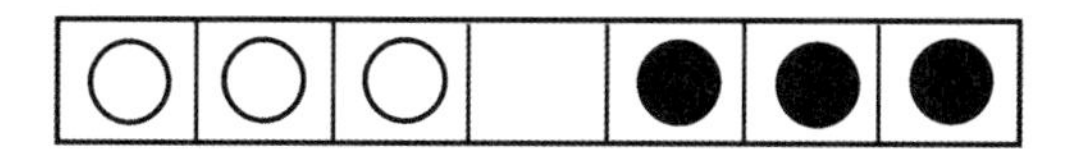

何回だった？　「15」やってみるよ。

①

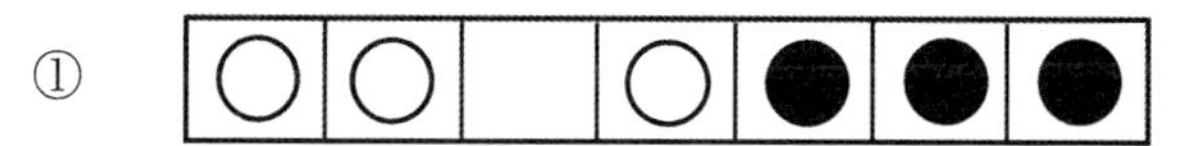

②

③

④

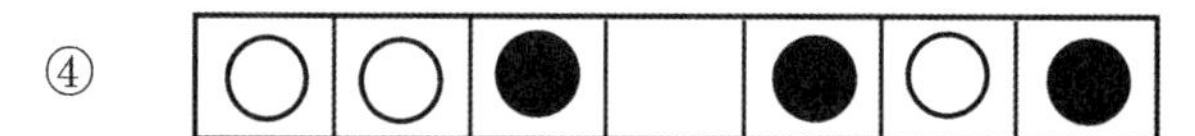

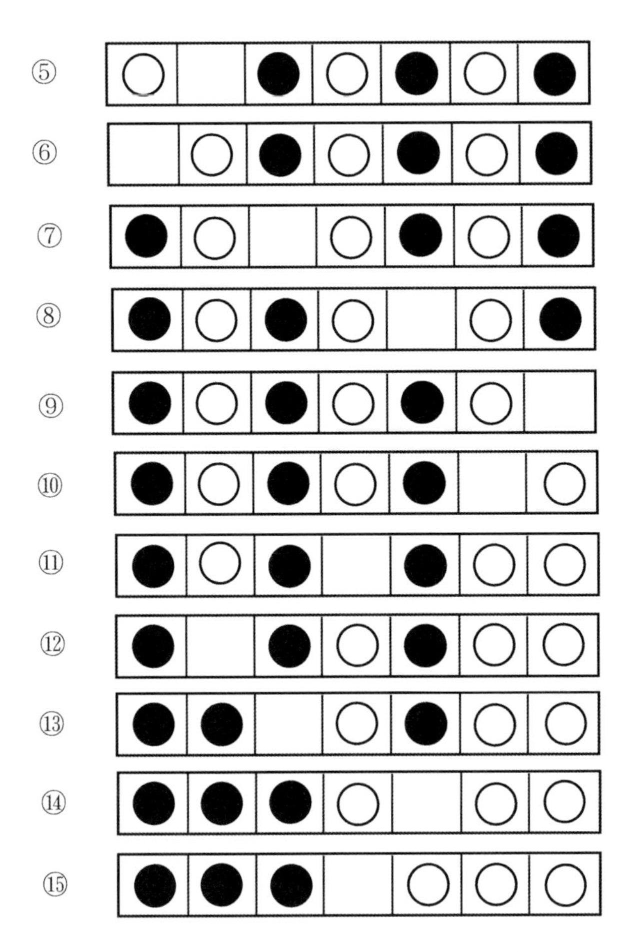

たしかに15回だね。もうコツをつかんだ人は4個をやらなくても5個でできるでしょ。「きまりが見つかりました」

石の数	1 ×3	2 ×4	3 ×5	4	5
回数	3	8	15		

「まず、1の場合は1×3で、2の場合は2×4で、石の数に+2した数をかけている」4の場合は？　「4×6」やってみなくても24

回じゃないかと予想できるんだね。5の場合も5×7で35回とわかるんだね。「別のきまりもあります」

石の数	1	2	3	4	5
回数	3	8	15		

＋5　＋7

「回数が3から8に5増えて、8から15は7増える」そうすると15から次はどうなるの？　「9増える」いくつになる？　「24」なるほど。実際にやって確かめてみよう。

24になりましたね。計算上24だったけど、間違いなく24回だといえたね。このきまりは使えるね。ということは5個の場合は何回？　「＋11をして35回」誰か念のためやってみて。

数が多いと少し難しいけどおみごと。よくできたね。これで問題の答えは35回とわかったね。もし石が10個だったら何回？「120回」これは、かけ算の方のきまりを使うといいね。もう石が何個でも回数わかる？　「はい」きまりってすごいね。

ここまでの学習を振り返ってみよう。この問題はいきなり5個を考えるのは難しかったけれど、どうするとよかったの？　「数を減らした」数を減らしたらどんないいことがあるの？　「簡単」「きまりが見つかる」そうだね。そしてきまりを使うと、実際やってみなくても計算で答えがわかるということがいえるね。それから、きまりは1つとは限らないということもわかったね。

1つ目のきまりを式で表してみようか。石の数を○とすると？「○×（○＋2）」と表せるね。なぜそうなのかを考えてみるのもいいですね。

整　数

(1) 偶数(ぐうすう)と奇数(きすう)

今日から整数の学習をしていくよ。整数ってどんな数のことだっけ？　「いち、に、さん……」そうだね。小数でも分数でもない数だね。じゃあゼロは整数に入る？　「入ると思う」そうだね。ゼロは整数に含(ふく)まれます。では、クラスの子ども達を2チームに分けます。出席番号で次のように分けました。

A　1 3 5 7・・・

B　2 4 6 8・・・

どんなふうに分けているかな？　「Bチームは2とび。2でわりきれる数」Aチームは？　「2でわると1あまる数」そうだね。2でわると1あまる数を奇数といいます。2でわり切れる数を偶数というよ。では、ゼロは奇数ですか？　偶数ですか？　理由も含めていえる人いる？　「偶数だと思います。だって、0÷2＝0あまり0なので、2でわりきれるから偶数だと思います」確かに。2でわって1あまるのが奇数だとすると、ゼロは1あまらないね。ゼロは偶数だということをおさえておこう。

では、ぐ＋ぐ＝□

　　　ぐ＋き＝□

　　　き＋き＝□

□にあてはまるのは？

意味はわかる？“ぐ”は何を表してる？　「偶数」そうだね。“き”は？　「奇数」ぐ＋ぐ＝偶数＋偶数、例えば2＋4のような式を表しているね。答えはどうなるかな？　「偶数」そうだね。必ずそうなるといえる？　「いえる」なんでだろう？　誰か説明できる人？　「偶数＋偶数は、(2でわりきれる数) ＋ (2でわりきれる数) だから、答えも2でわりきれる」なるほど。うまい説明だね。他の説明できる人は？　「計算法則を使うと、ぐ＋ぐは

2×□＋2×○になって2×□＋2×○＝2×（□＋○）になるから」4年生で学習した“計算のきまり”が使えているね。「他の説明もあります。偶数は2のかたまりだから、（2のかたまり）＋（2のかたまり）＝（2のかたまり）だといえます」“2のかたまり”っていう言葉がわかりやすいね。「図にするとこうです」

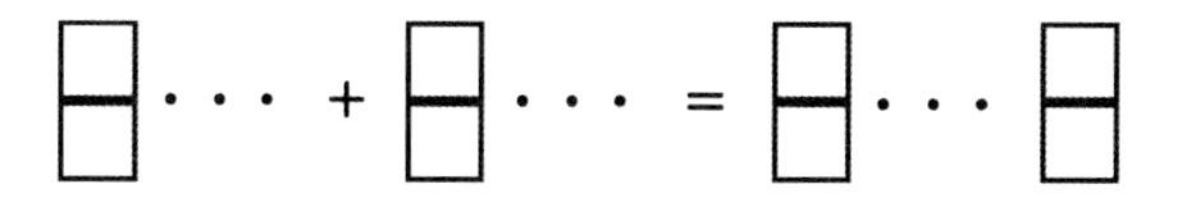

確かにそうだ。そうするとぐ＋きは？「（2のかたまり）＋（半端があるもの）＝（半端があるもの）」

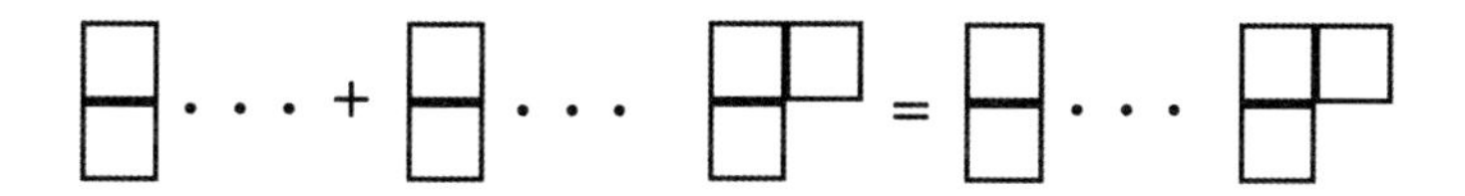

き＋きは？「半端＋半端で2のかたまりになるから偶数」

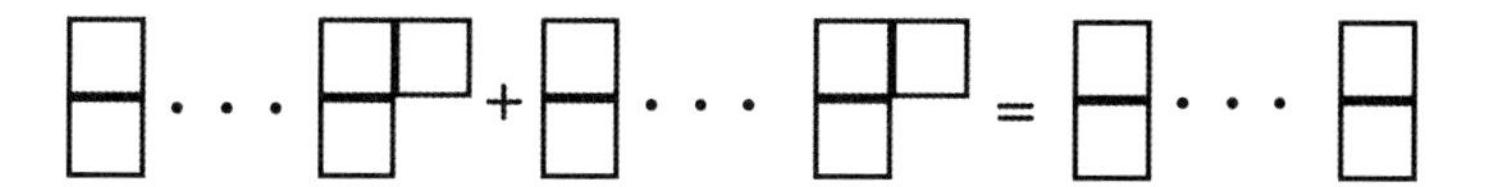

“2のかたまり”という言葉がわかりやすくて、説明するのに使いやすい言葉だね。言葉での説明や式での説明、それぞれのよさがあるといえるね。

じゃあ、先生から問題ね。かけ算九九表は偶数と奇数、どっちが多いか？

偶数だと思う人？

奇数だと思う人？

理由が言える人？

「2、4、6、8のだんは全部偶数で、1、3、5、7、9のだんは奇数と偶数が混じっているから、偶数だと思います」なるほど。「き×ぐ＝ぐ、ぐ×ぐ＝ぐ、き×き＝き、だから偶数だと思います」確かに。さっきのたし算のときの説明をいかしているね。

(2) ハノイの塔

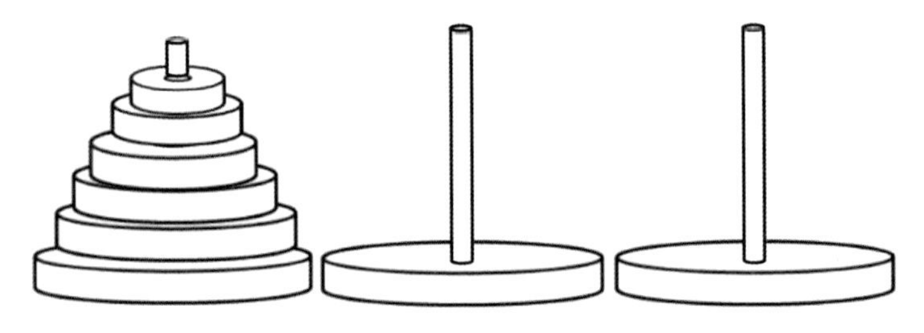

これは、“ハノイの塔”といわれる問題です。円盤を1度に1個ずつ動かします。ただし、小さい円盤の上に大きい円盤を置くことはできません。一時的に置いておくためにもう1本の支柱を利用することはできます。全ての円盤を別の支柱に最小の回数で移すには、どのように動かせばよいかを考えます。

円盤が5個の場合は最低何回でできる？

実際にひたすらやってみて自分でいろいろ発見することが何より大事ですので、やってみてください。

さあ、どうしたらいいかな。5個だから難しいんだよね。「2個だったら簡単」そう。数を減らして考えればいいね。2個だったら何回？　「3回」1個で1回はいうまでもありません。

1個　1回

2個　3回

3個　？

3個は何回かな？　これはどういうふうに考えたらいい？「今の時点ではまだきまりがわからない……」でも“2個で3回”というのは使えそうだね。3個の場合、上の2個を3回で移して、いちばん下の1個を動かし、また2個を3回で移すと考えられるね。

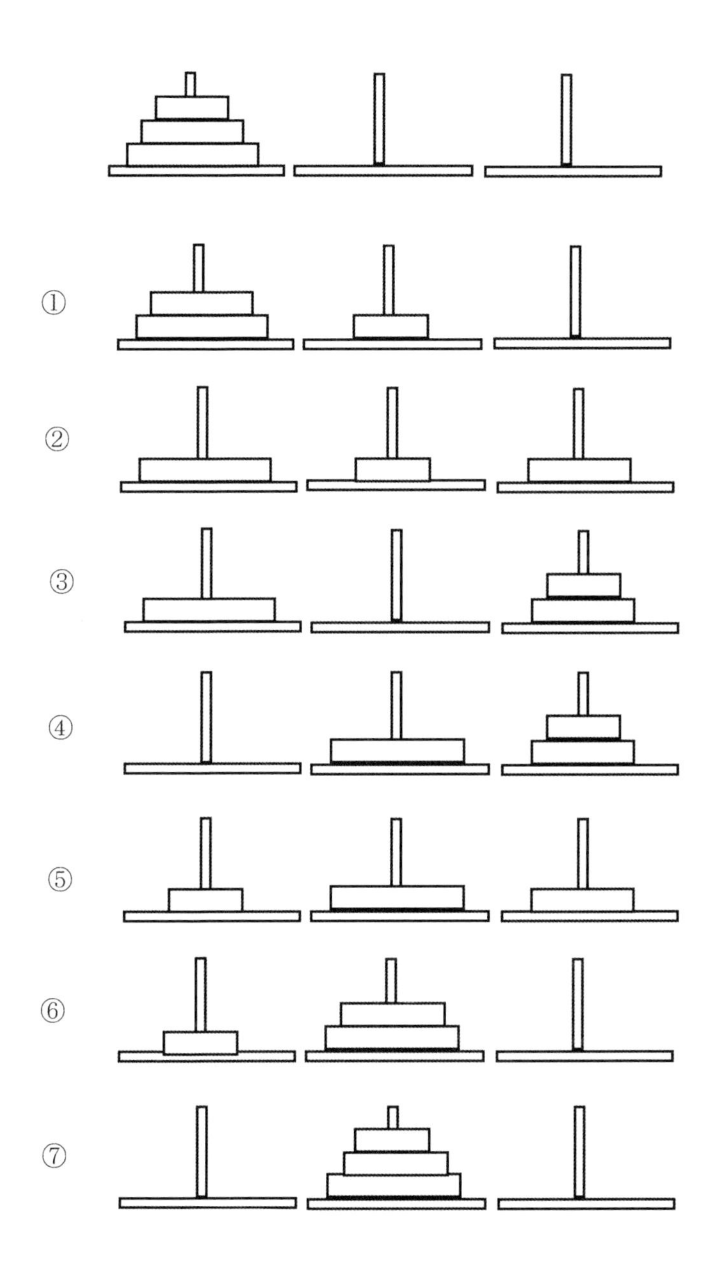
①
②
③
④
⑤
⑥
⑦

3個の場合はこのようにして7回ですね。4個の場合はどう？

1個　1回

2個　3回

3個　7回

4個　？

そろそろきまりに気付いた人もいるみたいだね。4個だと何回になる？　「16回」「15回」やってみるね。

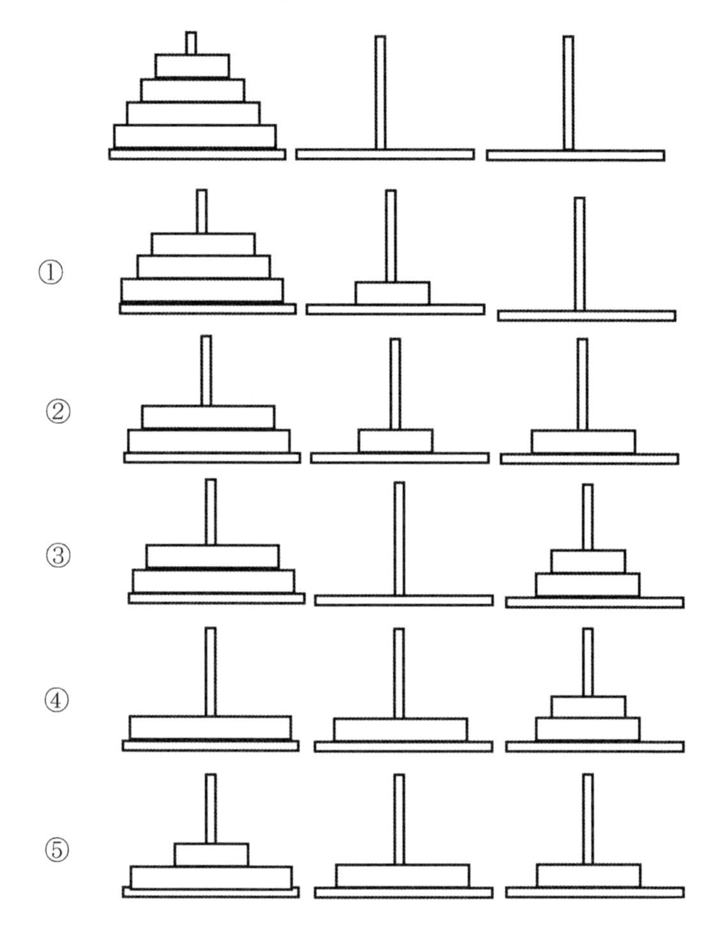

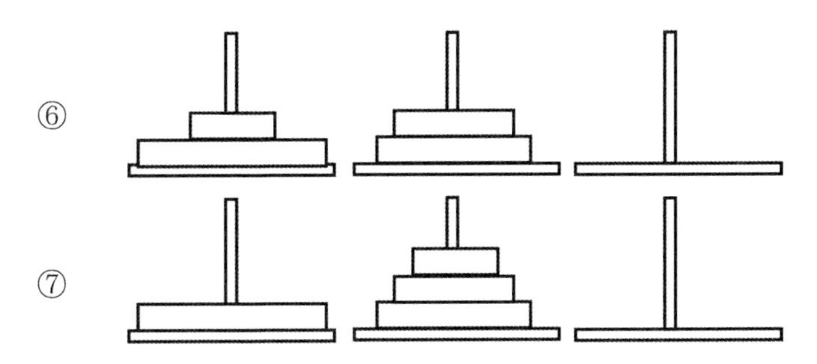

ここまで7回で3個動かせることがわかっています。次に4個目を動かして、再び3個を7回で移動すると考えればいいね。

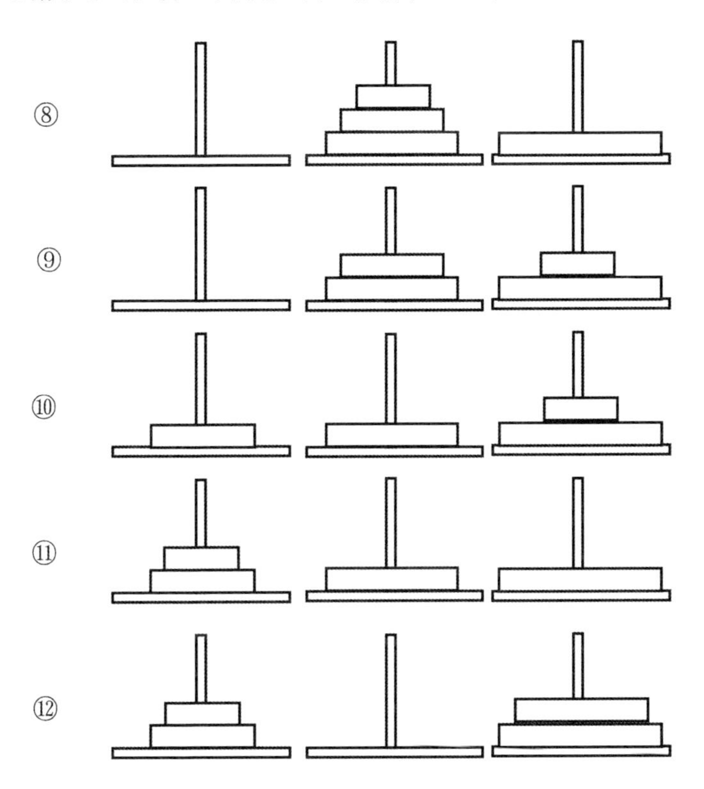

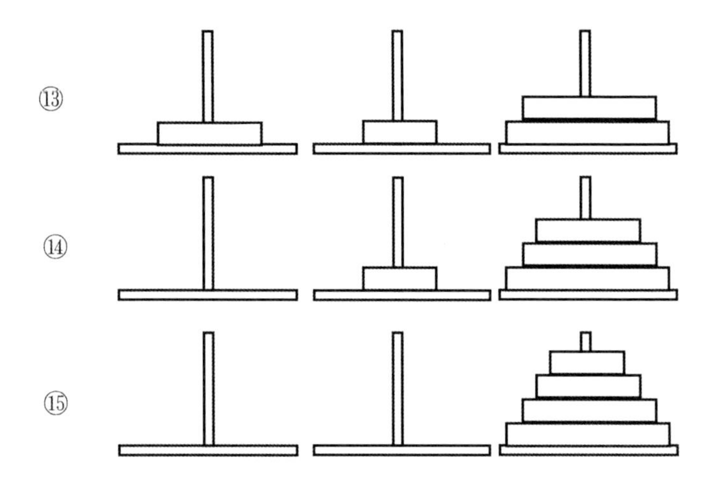

4個は15回でしたね。

円盤の数	1	2	3	4	5
回数	1	3	7	15	

5個の場合はどう？　「15×2＋1＝31」「15回で4個を移動できて、いちばん下の移動が＋1になる」どう？　みんなわかった？　「それなら6個に増えてもできます」そうだね。この考え方は次も使える？　「使える」「別のきまりもあります」

円盤の数	1	2	3	4	5
回数	1	3	7	15	

＋2　＋4　＋8

「2、4、8と増えているから、次は16増えます」そういう見方もできるね。そうすると5個で31回というのは一致したね。

回数だけなら計算してこれでいいんだけれど、実際に動かすとあることに気を付けないと上手(うま)くいかないと思うんだけど。少し時間をとるから実際にやってみてごらん。

どう？　増えれば増えるほど難しくなっていくよね。何を迷うかというと？　「どっちに入れたらいいかわからなくなる」そうなんです。例えば、5個の円盤を移すのに4個を15回で動かしたとするよ。それでいちばん下の移動をしたら、次の1個はどっちに動かしたらいいの？

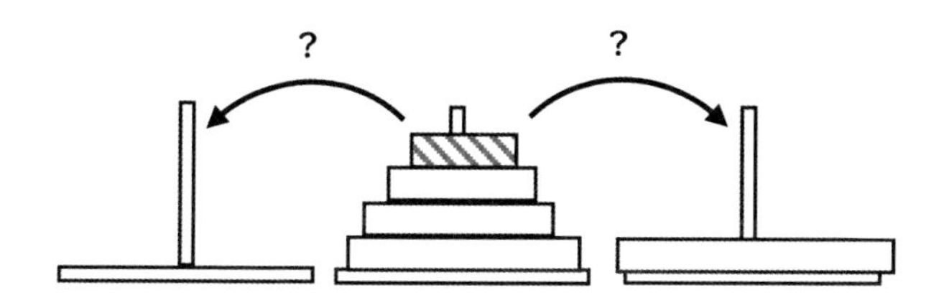

「左」そうだね。これを右に置いちゃったら？　「回数が多くなっちゃう」うん、確かめてごらん。

つまり4個を移動するときは、1個目をどっちに移動するといったらいい？　「動かしたい方と反対の支柱」そういうことだね。

円盤が6個の場合はどうなるか。はじめに5個を31回で移動したとするよ。それでいちばん下の移動をしたら、次の1個はどっちかな？

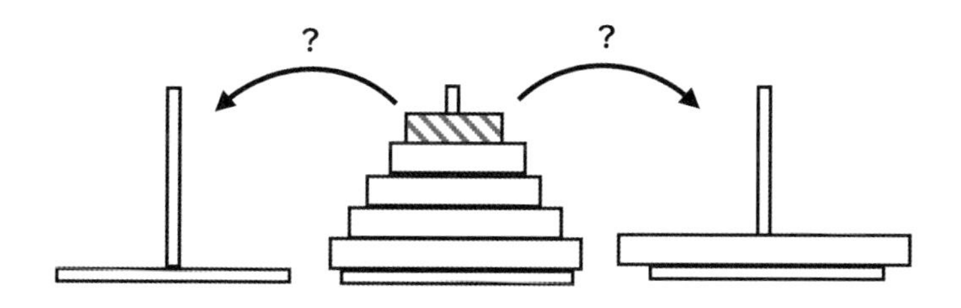

確かめてごらん。どっちだった？　「右」

「1個移動するときは1個目を移動する支柱に、2個移動するときは1個目を移動しない方の支柱にやって、3個移動するときは1個目を移動する支柱にやる」「偶数個の移動と奇数個の移動で1個目をどっちにやるかが変わる」よく気付いたね。扱(あつか)うものが偶数個か奇数個かで変わるということに気付いたね。偶数と奇数で整理して考えることは、ものを考える1つの視点(してん)といえるね。

(3) 50までの数の約数

50まで整数の約数を調べてみよう。

	約数		約数
1	1	26	1、2、13、26
2	1、2	27	1、3、9、27
3	1、3	28	1、2、4、7、14、28
4	1、2、4	29	1、29
5	1、5	30	1、2、3、5、6、10、15、30
6	1、2、3、6	31	1、31
7	1、7	32	1、2、4、8、16、32
8	1、2、4、8	33	1、3、11、33
9	1、3、9	34	1、2、17、34
10	1、2、5、10	35	1、5、7、35
11	1、11	36	1、2、3、4、9、12、18、36
12	1、2、3、4、6、12	37	1、37
13	1、13	38	1、2、19、38
14	1、2、7、14	39	1、3、13、39
15	1、3、5、15	40	1、2、4、5、8、10、20、40
16	1、2、4、8、16	41	1、41
17	1、17	42	1、2、21、42
18	1、2、3、6、9、18	43	1、43
19	1、19	44	1、2、4、11、22、44
20	1、2、4、5、10、20	45	1、3、5、9、15、45
21	1、3、7、21	46	1、2、23、46
22	1、2、11、22	47	1、47
23	1、23	48	1、2、3、4、6、8、12、16、24、48
24	1、2、3、4、6、8、12、24	49	1、7、49
25	1、5、25	50	1、2、5、10、25、50

いちばん約数が多いのは50ですか？　「ちがう」大きい数の方が約数が多いとは？　「限らない」ね。いちばん約数の多いのは？　「48」そうだね。アイドルグループに48が使われているのは何でだと思う？　「約数が多いから分けやすいのかも」そうかもしれないね。

大きい数でも約数が2個しかない数があるね。例えば？「47」こういうふうに約数が1とその数しかない整数を“素数”というよ。素数を順番に見ていってみよう。

2、3、5、7、11、13、17、19、23、29、31、37、41、43、47

この先も素数は無限にあると思う？　「……」調べてみてください。

他に何か気付いたことは？　「12の倍数が約数が多い」12、24、36、48、確かにそうだね。

「2より大きい素数は奇数」すばらしい発見だね。

ということは、前に“き＋き＝ぐ”みたいなのやったよね。

“2より大きい素数＋2より大きい素数＝偶数”だといえる？「いえる」じゃあ、偶数＝2より大きい素数＋2より大きい素数で表せるかな？　例えば、16は素数＋素数になる？　「16＝3＋13」24は？　「19＋5」なるね。実は“ゴールドバッハの予想”といわれているものなんだけど、約数の考察からゴールドバッハの予想まで考えが発展（はってん）したのはすばらしいですね！

(4) ユークリッドの互除法

縦12cm、横18cmの長方形の中に、すきまがないように、同じ大きさの正方形をしきつめます。正方形の1辺の長さが何cmのとき、しきつめられますか。

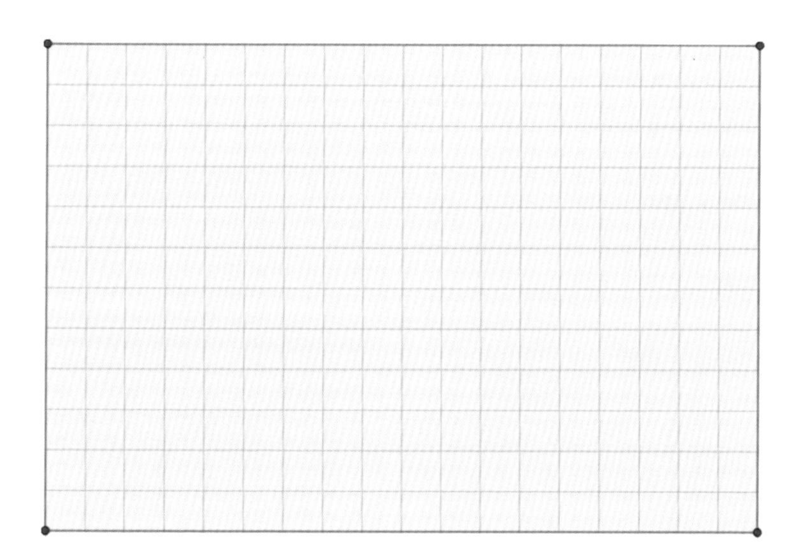

「整数だけですか？」そうだね。小数や分数も入れると無限にあるから、整数を考えていこう。

1辺が1cmだったらもちろんしきつめられるね。縦に12個、横に18個だから全部で何個？　「12×18で216個」そうだね。1辺2cmだったら？　縦に何個？　「6個」横は？　「9個」全部で？「54個」1辺が3cmだったら？　「4×6で24個」そうだね。1辺が4cmだったら？　「横がしきつめられない」どうして？　「18÷4であまりが出ちゃうから」じゃあ、どういう数ならしきつめられるの？　「わりきれるとき」「約数になっているとき」縦、横どっちの？　「両方」「公約数のとき」そうだね。この問題は、12と18の公約数を求める問題だと解釈できるね。

次にしきつめられるのは1辺が？「6cm」のときだね。何枚？

「2×3で6枚」次は？「ない」「6が最大公約数だから」しきつめられるいちばん大きい正方形は1辺6cmだね。

じゃあ、問題を少し変えてみよう。“同じ大きさ”という部分をとって、同じ大きさじゃなくてもよいことにしたら、正方形は少なくとも何枚でしきつめられる？

問題の意味がわかった？

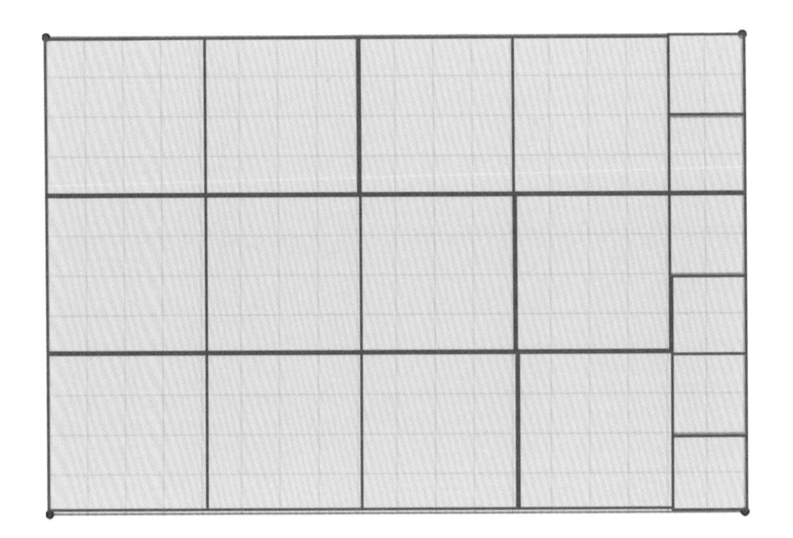

例えば、1辺が4cmの正方形と1辺が2cmの正方形だったら合わせて18枚でしきつめられるね。こういうふうに、同じ大きさでなくてもよいことにすると、いちばん少なくて何枚でしきつめられるかということです。考えてみて。

何枚になった？「3枚」どうやってしきつめたの？

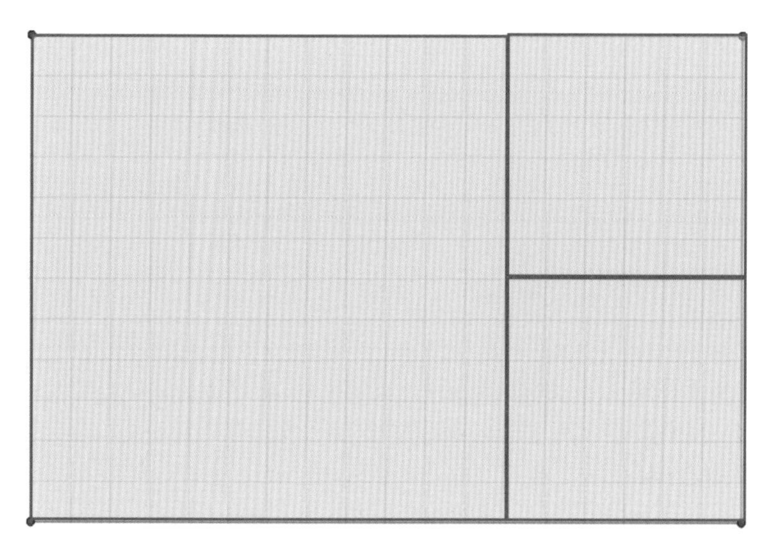

これでよさそうだね。どうやってしきつめていったの？ 「まず、縦の長さを1辺にして正方形をかいて、次に残ってる横の長さを1辺にしてかいた」

じゃあ、数値を変えてみるよ。縦18cm、横42cmの長方形だったら？　何枚の正方形でしきつめられる？

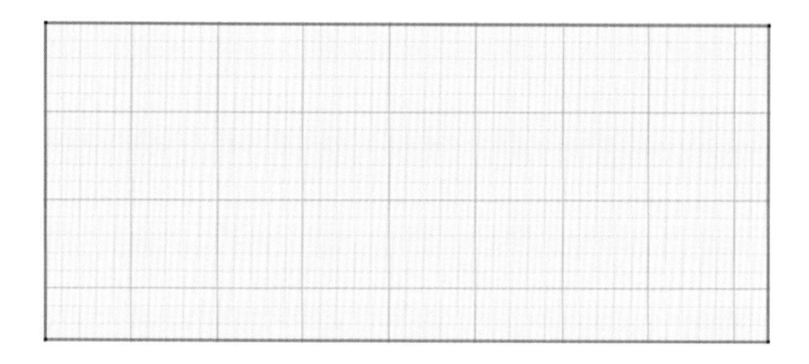

もう、すぐにできる人もいるみたいだね。さっきと同じ要領でやればいいですね。

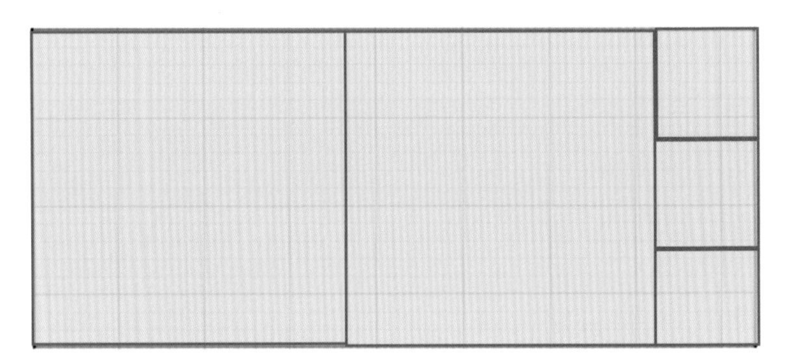

まず、縦の長さの18cmを1辺にして正方形を2つかいて、残っている横の長さ6cmの正方形を3つかけばいいから、合わせて5枚だね。

実はいちばん小さい正方形の1辺の長さは最大公約数となるんだ。“ユークリッドの互除法”といって最大公約数はこうやって求めることもできるよ。

単位量あたりの大きさ

(1) 混(こ)み具合

たたみの部屋があります。㋐の部屋はたたみ2枚分で12人います。㋑の部屋はたたみ3枚分で12人います。

	たたみの数	人数
㋐	2	12
㋑	3	12

㋐と㋑はどちらが混んでいますか？ 「㋐の方が混んでいます。人数は同じだけど、たたみの数が2と3で㋐の方が少ないから」そうだね。これは計算しなくても、人数が同じだから、たたみの数が少ない方が混んでいるといえるね。

実は、部屋がもう1つあります。㋒の部屋はたたみ3枚分で15人います。

	たたみの数	人数
㋑	3	12
㋒	3	15

㋑と㋒では、どちらが混んでいますか？ 「㋒の方が混んでいます。たたみの枚数はいっしょだけど、人数が㋒の方が多いから」
今度はたたみの枚数が同じだから、人数が多い方が混んでいるといえるね。では、㋐と㋒では、どちらが混んでいるといえるでしょうか？

	たたみの数	人数
㋐	2	12
㋒	3	15

今度はたたみの数も人数もちがうね。こんなときはどうやって比べたらいい？
「㋐のたたみの数が6枚だったとすると、3倍だから12×3をして36人になる。㋒も同じように6枚だったら、2倍だから15×2をして30人になる。36人と30人だったら多い方が混んでいるから、㋐の方が混んでいる」

	たたみの数	人数
㋐	2　**6**	12　**36**
㋒	3　**6**	15　**30**

「これって人数をそろえてもいけると思います」ちょっと数が大きくなりそうだけどやってみるね。人数をいくつにそろえたらいい？「60」そうすると？「㋐は5倍だからたたみの数も5倍して10にする。㋒は4倍だから、たたみの数も4倍して12にする。

	たたみの数	人数
㋐	2　**10**	12　**60**
㋒	3　**12**	15　**60**

「そうすると、人数が同じだから、たたみの数が少ない㋐の方が混んでいる」確かに人数をそろえても比べられるね。
別のやり方はある？「㋐はたたみ1枚にのっている人数は12÷2で6人で、同じように㋒は15÷3で5人だから、㋐の方が多いので混んでいるといえる」「これ平均と似てる」前に学習した平均とこの学習を関連させているところがすばらしいね。図をかいた人がいるから紹介（しょうかい）します。

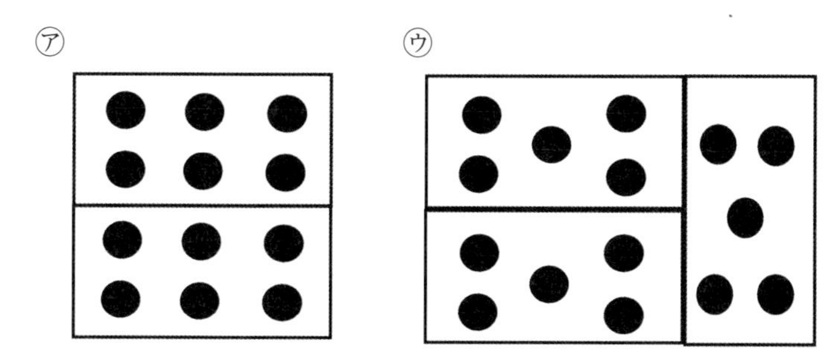

このような図で表すことができるね。「㋐の図は6人ずつになってるけど、7人と5人とか、8人と4人でもいいわけで、ここに平均の考えが使われている」ならしているんだね。

「他にあります。㋒のたたみの枚数÷㋐のたたみの枚数を計算すると1.5倍になって、人数も1.5倍すると12×1.5＝18になるから、㋒は15人しかいないから㋒の方がすいている」

	たたみの数	人数
㋐	2 ×1.5	12 ×1.5
㋒	3	15 18

いい考えだね。たたみの枚数を3にそろえたのと同じだね。

	たたみの数	人数
㋐	2 3	12 18
㋒	3	15

「まだあります。たたみの枚数が㋐から㋒に、プラス1になっているので、その分人数も6人増えるはずなのに、3人しか増えてないから、㋒の方がすいている」なるほど。これもたたみの枚数を3にそろえたのと似ているけど、差を見て考えているんだね。

いろんなアイデアが出てすばらしい。1つのやり方で終わりにするのではなくて、いろんな方法で考えてみて比較して、よりよい方法を検討したり、それぞれのよさを学び取ったりすることが大事だね。

いろいろな方法があったけど、特に“たたみ1枚あたりの人数”のように“1あたりの量”のことを単位量あたりの大きさというよ。

そろえるのがたいへんなときなどは、単位量あたりの大きさを比べる方が便利ですね。

(2) 牛乳の問題

牛乳を買います。 A　500 mL　120円 B　200 mL　 50円 どちらがお得ですか？

さあ、考えてみよう。

解き方は何通りくらいあった？　「いっぱいあった」そうだね。今回は2つの方法でやって比べている人がいたので紹介するね。1つ目のやり方は、“100 mLが何円か”を考えたんだそうです。それでこんな式を立てていました。

A　500÷120＝4.16・・・
B　200÷ 50＝4

計算して、Bの方が安いと答えていました。

2つめに、“1000mLにそろえて考える”方法でやっていました。すると、

A　500×2＝1000　120×2＝240
B　200×5＝1000　 50×5＝250

と計算して、Aの方が安いと答えていました。さっきはBの方が安いって出たけど、今度はAの方が安くなったのです。ということは？　「答えが2通りある」「どっちかが間違ってる」そうだよね。別の方法でやってみると間違いに気付いたり、正しいことを確認したりすることができるんだね。どこがちがったんだろう？　「最初の100mLが何円かを計算する式がちがってる」

A　120÷5＝24（円）

B　　50÷2＝25（円）

このように計算すれば、Aの方が安いと求められるね。

A　500÷120＝4.16・・・

B　200÷　50＝4

では、これは何を計算していたの？　「1mLで何円か」「1円で何mLか」どっちだろう？　「1円で何mLか」そうだね。じゃあ、“1mLで何円か”はどんな式？

A　120÷500＝0.24（円）

B　　50÷200＝0.25（円）

“1mLで何円か”を比べたら0.24円のAの方が安いね。

いくつか出たけど、やり方を比べてみて似ているところはないかな？　「“100mLあたりの値段”を求めるやり方も、“1mLあたりの値段”を求めるやり方も、どちらも“牛乳の量あたりの値段”を求めるところが同じ」そうだね。

「“1mLあたりの値段”を求めるやり方も、“1円あたりの牛乳の量”を求めるやり方もどちらも“1あたりの量”を求めているところが似ている」単位量あたりの大きさを求めているところが共通だね。「100mLも単位を変えたら1dLだし、1000mLも1Lだよ」確かにそうだね。いくつか方法があったけど、共通する見方ができるといえるね。今回の問題は単位量あたりの大きさで比べてもいいし、1000mLあたりの大きさとか100mLあたりの大きさで考える方が計算は簡単でよかったね。単位量あたりの大きさで比べたり、そろえやすい数にそろえて計算したりと、場面に応じてよりよい方法でできるといいですね。

速　さ

(1) 問題づくり

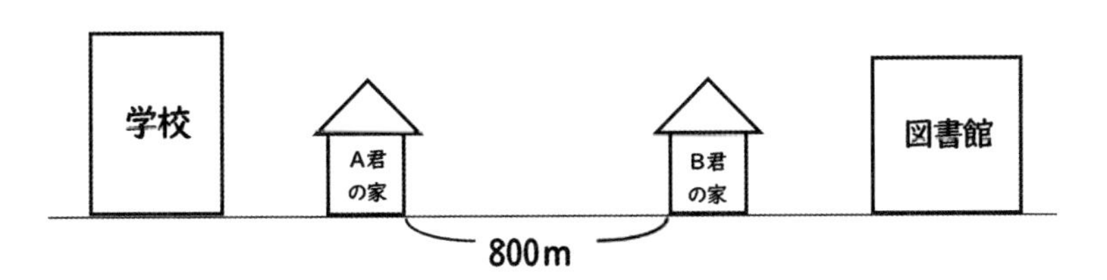

上の場面をもとに、速さについての問題をつくってみよう。

> B君が分速80mで学校に行きます。学校までは、1600mあります。学校に行って帰ってくるのに何分かかりますか？

往復にしているところが工夫されているね。

> B君は分速100mで歩いて1km先の学校まで登校します。学校まであと200mのところで、A君に会ったので分速80mになりました。B君は何分で学校に着いたでしょう。

途中で速さが変わるところがいいですね。

> A君が図書館まで行きます。A君は分速400mで自転車をこぎました。A君はB君の家で少し休むことにしました。B君の家で10分休み、分速300mで自転車に乗って行きました。A君の家から図書館まで合計で20分かかりました。B君の家から図書館までは何mですか。

途中で休むというところがおもしろいね。

> A君は分速□mで800mはなれたB君の家へ行きます。500m歩いたところでねこを追いかけてしまい、家から100mのところまでもどってしまいました。A君がB君の家に着くのに32分かかりました。A君の速さを求めなさい。

途中でもどるというのがいいアイデアだね。

先生から与えられた問題を解くだけでなく、今回のように自分で問題をつくるというのもとてもよい学習になりますね。実際は、速さは一定でないかもしれないけど一定とみなして、仮定したり条件を決めたりして考えを進めることも大事な力だね。

(2) トンネルから脱出できるか

今回はみんなでバスで出かけます。どこに行こうか？ 「ディズニーランド！」いいですね。みんなでバスでディズニーランドに行きます。出発して少し行くと、トンネルがありました。バスがトンネルに入ったとき、さあ何が起きたでしょう？

> バスがトンネルに入ったとき、緊急地震速報で5秒後に大地震が起きてトンネルがくずれることがわかった。バスはトンネルを脱出できるか。

さぁ、解いてみよう。

どう？ 「これでは解けません」そうだね。何がわかればできそうかな？ 「バスの速さ」そうか。バスの速さは“時速36km”です。あとは？ 何が知りたい？ 「トンネルの長さ」そっか。トンネルの長さは“60m”です。これでできそう？ ちょっと考えてみて。

どう？ 「脱出できます」どんなふうに考えたの？ 最初に何した？

「時速を秒速になおす」やってみようか。まず、時速36kmをmにすると「36000m」分速は？ どんな式？ 「36000÷60で分速600m」そうだね。秒速を求める式は？ 「600÷60で秒速10m」バスの速さは秒速10mとわかったね。次は？ 「秒速10mで5秒進んだとしても10×5で50mだから、まにあわない」どう？ 「なんか、おかしい。バスの長さがわからないと……」“バスの長さ”が知りたいんだね！ バスの長さは“10m”です。「バスがどこにいるかも知りたい」“バスがどこにいるか”ですね。問題では、“バスがトンネルに入ったとき”といっているから、どこだろう？

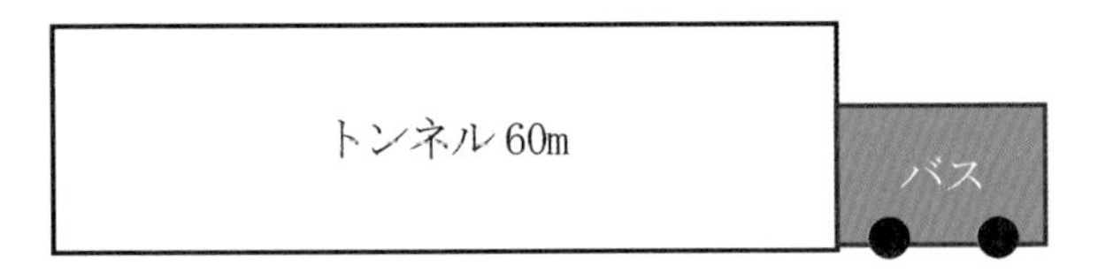

ここですか？　「ちがう」

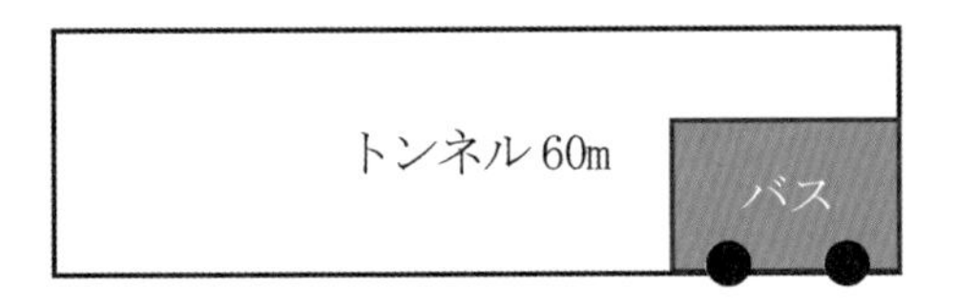

「こっちだと思う」どっちだろう？　どっちにする？「入ったときといっているから、下の方がいいと思う」じゃあ、そうしよう。バスの長さもバスの位置もわかったから、今度はできそうかな。

脱出できた人？　けっこういるね。脱出できなかった人？こっちも多いね。意見が分かれました。なんでだろう？　脱出できると思う人はどうやって考えたの？「残り50mだから、5秒で進めると思う」確かに、バスの長さが10mだから、残りは50mだね。

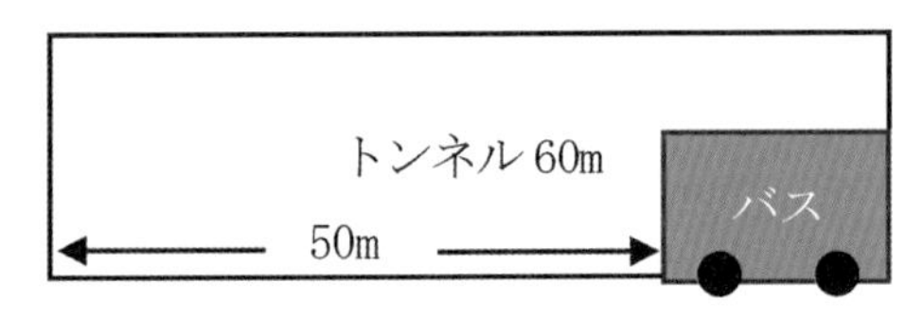

「いやっ、それではつぶれちゃうよ」

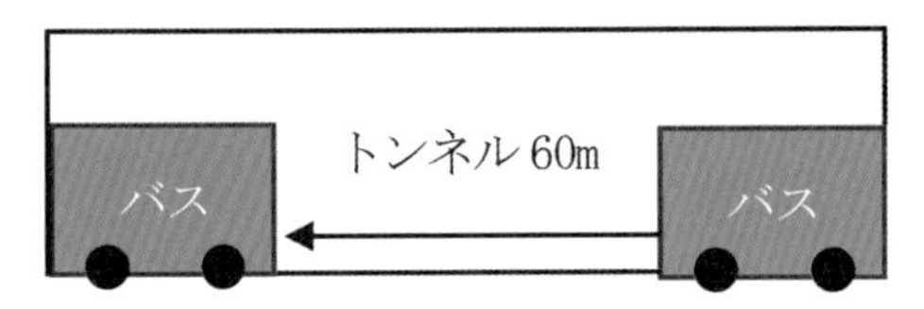

「50m進んでも、ここまでしか行かないから、まだトンネルの中だから」そうだね。ということは、答えは？「バスは脱出できない」

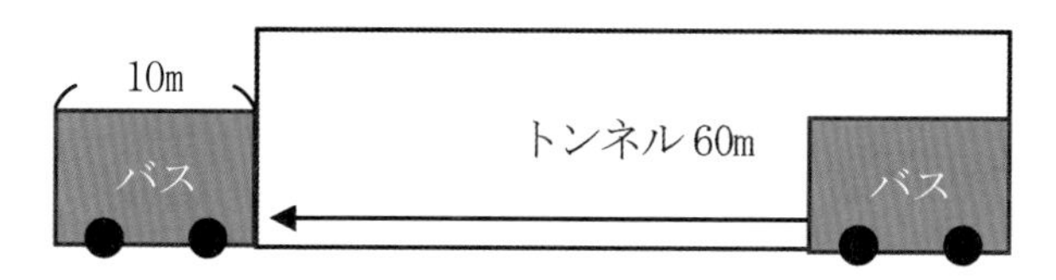

「バスはここまで来ないとダメ」そっか。これって何m進んだの？
「60m」「バスの長さをたさないといけない」

だったら、次はどんな疑問(ぎもん)をみんなはもつ？　「時速何kmならまにあうか」よしっ！　それを新たな問題に設定しよう。

時速何km以上なら、まにあうのか？

さあ、考えてみよう。
「60mを5秒で進めばいいから、60÷5で秒速12m以上ならまにあう」「時速になおすと、12×60×60＝43200となって、時速43200m。kmになおすと時速43.2km」時速43.2km以上なら脱出できるんだね。そのぐらいのスピードならなんとかなりそうですね。

今回は、自分たちで問題のたりない条件を考えたり、問題を作ったりしながら学習を進めてきたよ。先生から与えられた問題を解くというだけでなく、自分で問題を作ったり、発見したりできることも大事な力だね。

もう少し問題を変えてみるよ。

トンネルの出口付近では土砂(どしゃ)くずれが発生する可能性があります。トンネルからさらに40m進まないと安全ではありません。

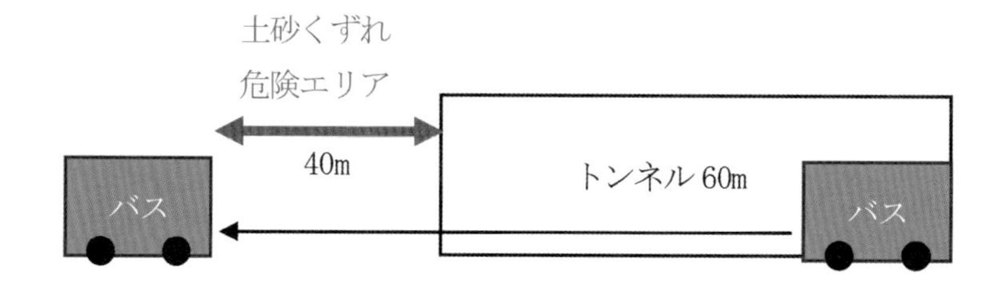

この場合は、時速何km以上で進めばいいだろう？
「バスは60m＋40mで100m進めばいい。100mを5秒で進む速さは、100÷5＝20で秒速20m」「時速になおすと、20×60×60＝72000で時速72000m。kmになおすと時速72km」そうだね。他の人も同じやり方でやった？　別の方法で求めた人はいますか？
最初に出た秒速10mで5秒進む場合は、50m進むんだったね。これを使うと5秒で100m進む場合は、速さはいくつかな？

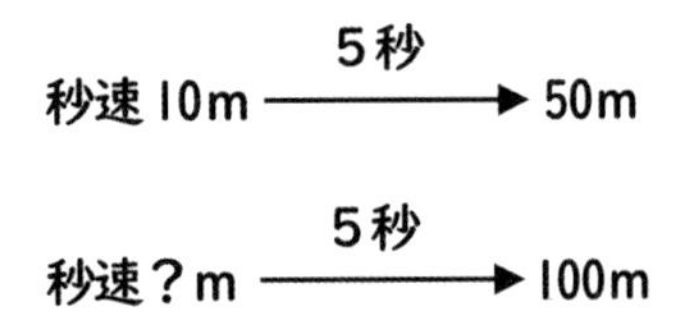

「秒速20m」「速さが2倍になればいい」一方が2倍になったら、もう一方も2倍になってるね。こういうの何ていうんだっけ？「比例」そう。速さと道のりって、速さが2倍になると、道のりも「2倍になる」といえるね。時速でいうと、時速36kmだったのが2倍で時速72kmにすれば100m進めるね。

分数のたし算ひき算

(1) 大きさの等しい分数をつくろう！

ここに大きなチョコレートを用意しました。これを1としますね。半分に割(わ)った1つは、分数で表すと？「$\frac{1}{2}$」

そうだね。じゃあ、3等分したら？「$\frac{1}{3}$」$\frac{1}{3}$は2つで$\frac{1}{2}$をこえてしまうね。

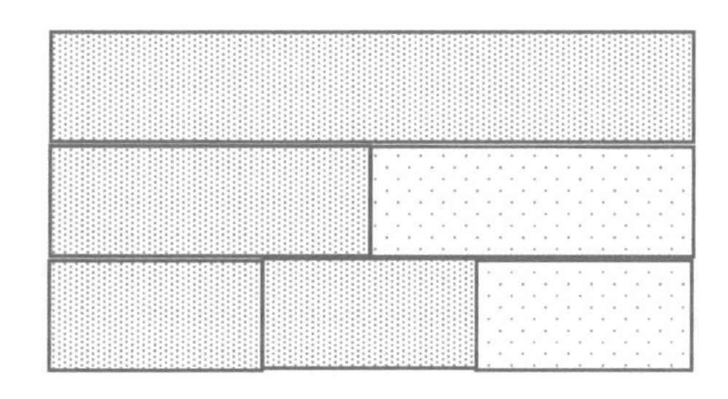

いくつなら$\frac{1}{2}$と等しくなるかな？
「$\frac{2}{4}$」そうだね。確かに等しいね。まだあるかな。「$\frac{3}{6}$」“$\frac{\square}{5}$”ではできないんだね。$\frac{3}{6}$は確かに等しいね。まだあるかな？
「$\frac{4}{8}$」「$\frac{5}{10}$」・・・
そうだね。$\frac{1}{2}$と大きさの等しい分数は式で表すと、

$$\frac{1}{2}=\frac{2}{4}=\frac{3}{6}=\frac{4}{8}=\frac{5}{10}=\frac{6}{12}\ \cdots$$

こうなるね。「先生、気付いたことがあります！」何？　「分母が全部偶数です」確かにそうだね。前に学習したことがここでも発見できるいい目をもってるね。「先生、比例しています！　片(かた)方(ほう)が2倍、3倍……になると、もう片方もそれにともなって2倍、3倍……になっています」確かにそうだね。そうすると、例えばワープして$\frac{}{50}$とかにしてもできる？　「$\frac{25}{50}$」

$\frac{1}{2}$と等しい分数は無限につくれるといえる？　「はい」$\frac{1}{2}$の分母と分子に同じ数をかければいくらでもつくれるね。

これって逆に書くと、

$$\frac{6}{12}=\frac{5}{10}=\frac{4}{8}=\frac{3}{6}=\frac{2}{4}=\frac{1}{2}$$

となってわり算の関係も成り立つね。

大きさの等しい分数はこの性質を使ってつくれるといえるよ。

例えば$\frac{8}{24}$と大きさの等しい分数を、できるだけ小さい整数で表すと？　「$\frac{1}{3}$」どうやって求める？　「分母と分子を8でわればいい」そうだね。分母と分子を8でわることをこういうふうに斜(なな)め線と小さい数字でかいて表すよ。

$$\frac{\cancel{8}^{1}}{\cancel{24}_{3}}=\frac{1}{3}$$

これを約分といいます。練習してみよう。

① $\frac{16}{40}$　　　　② $2\frac{6}{9}$

① $\frac{\cancel{16}^{\,2}}{\cancel{40}_{\,5}}=\frac{2}{5}$　　　　② $2\frac{\cancel{6}^{\,2}}{\cancel{9}_{\,3}}=2\frac{2}{3}$

最大公約数で約分すると1回ですむね。

でも、もし最大公約数で約分しなかったとしても、まだ約分できることに気付いてもう1回約分してもだいじょうぶだよ。

例えば、$\frac{16}{48}$だったら、

$$\frac{\cancel{16}^{\,2}}{\cancel{48}_{\,6}}=\frac{\cancel{2}^{\,1}}{\cancel{6}_{\,3}}=\frac{1}{3}$$

というふうにできるね。

斜めの線で消して小さい数字を書くプロセスは、分数のかけ算やわり算など、今後学習する計算でも必要になるからきちんとかくようにしようね。

(2) 分数の大きさ比べ

$\frac{4}{7}$と$\frac{5}{9}$ではどちらが大きいか。

考えてみよう。

これは、前回学習した大きさの等しい分数をつくって比べられるね。

$$\frac{4}{7}=\frac{8}{14}=\frac{12}{21}=\frac{16}{28}=\frac{20}{35}=\frac{24}{42}=\frac{28}{49}=\frac{32}{56}=\frac{36}{63}$$

$$\frac{5}{9}=\frac{10}{18}=\frac{15}{27}=\frac{20}{36}=\frac{25}{45}=\frac{30}{54}=\frac{35}{63}=\frac{40}{72}$$

どちらも$\frac{}{63}$に直すと、36と35だから$\frac{4}{7}$の方が大きいといえるね。式で書くと、$\frac{4}{7}>\frac{5}{9}$となるね。

このように共通の分母の分数にすることを通分というよ。

(3) 分数のたし算

> $\frac{1}{3}$Lと$\frac{1}{2}$Lのジュースがあります。合わせて何Lですか。

分母の異なる分数の計算ですね。これは、$\frac{1}{3}+\frac{1}{2}=\frac{2}{5}$とやっていいでしょうか？「だめ！」「わからない」だめだと思う人？どうしてだめだかいえる？

「$\frac{1}{3}$はこれくらいで、$\frac{1}{2}$は半分。たしたら絶対半分より多くなるのに、$\frac{2}{5}$は半分より小さいからおかしい！」確かに。明らかにちがっていそうですね。じゃあ、正しくはどうなるのか図を使って説明してみよう。

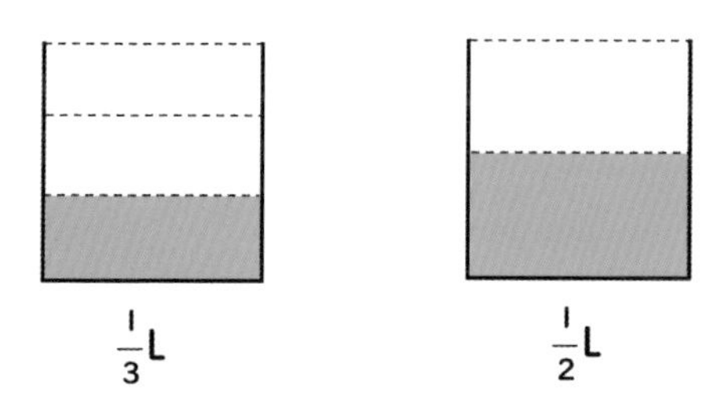

「$\frac{}{6}$に通分すれば、$\frac{2}{6}$と$\frac{3}{6}$を合わせて$\frac{1}{6}$が2＋3で$\frac{5}{6}$になるといえる」

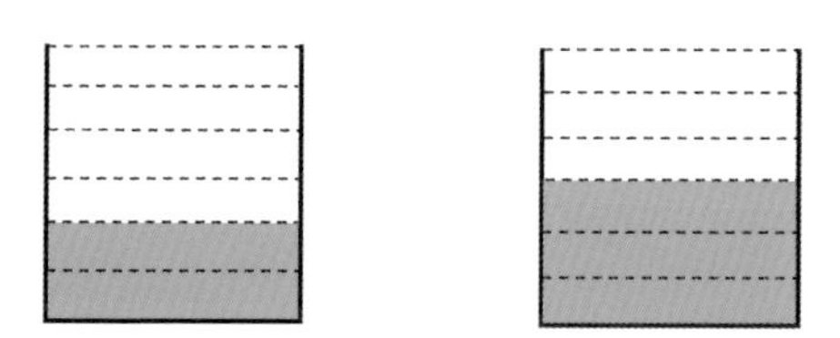

分母の異なる分数のたし算は通分すればいいですね。では、先生から問題です。

> めぐり君は5ページの本を3ページ読みました。
> さらに、4ページの本を1ページ読みました。
> ということは、全部で9ページのうち4ページ読んだので、
> $\frac{3}{5}+\frac{1}{4}=\frac{4}{9}$
> と表すことができますか？

これは合っているといえるでしょうか？　「いえない」どうして？　「たしてはいけない」なぜ？　「ものがちがう」どういうこと？

「例えばSサイズのピザの$\frac{1}{2}$と、Lサイズのピザの$\frac{1}{2}$があっても、$\frac{1}{2}+\frac{1}{2}$はできない。基準がちがうから」

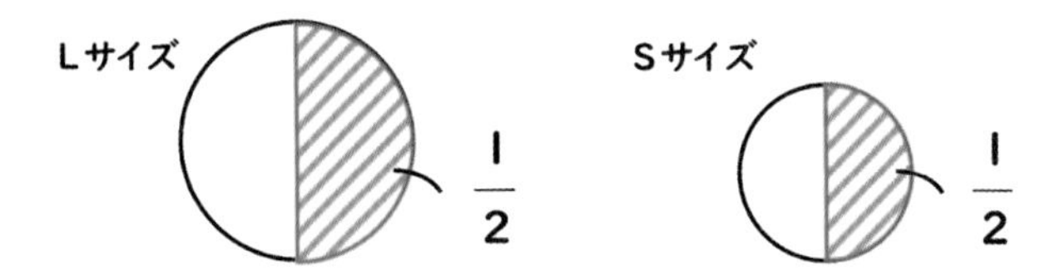

そうだね。割合(わりあい)を表す分数はたせないといえるね。

割　合

(1) 割合とは？

バスケットボールのフリースローって知ってる？　ちょっと離(はな)れたところからシュートをうつのです。

その結果が、A君は10本シュートして6本入りました。そして、B君です。B君は10本シュートして5本入りました。どっちがよく入ったといえる？

	うった数	入った数
A	10本	6本
B	10本	5本

「A」なんで？「同じ数うって、入った数がAの方が多いから」ちゃんと言葉で言えたね。シュート数が同じだから、入った数が多い方がよく入ったといえるね。実はC君もいました。C君は8本しかうちませんでした。それで、5本入りました。それでは、B君とC君では、どっちがよく入ったといえますか？

	うった数	入った数
B	10本	5本
C	8本	5本

「Cの方がよく入ったといえます」その理由は？「入った数が同じなのに、シュートの数はCの方が少ないから、Cの方がよく入ったといえます」さっきはシュート数が同じだったけど、今度は入った数が同じだね。入った数が同じときは、うった本数が少ない方がよく入ったといえる。

では、AとCでは、どちらがよく入ったといえるでしょうか？つまり、シュート数も入った数も異なる場合は、どのように比べたらよいでしょう。

	うった数	入った数
A	10本	6本
C	8本	5本

「シュートの数を同じ数にそろえるために、最小公倍数を使って、10と8の最小公倍数が40だから、Aは40本中24本入ったことになる。Cは40本中25本入ったことになる」

	うった数	入った数
A	10本 **40**	6本 **24**
C	8本 **40**	5本 **25**

最小公倍数を使うんだね。確かにこれで比べれば、Cの方が1本多いといえるね。似ている人はいますか？
「分数で表すと、Aが$\frac{6}{10}$でCが$\frac{5}{8}$になって、それで分母をそろえると$\frac{24}{40}$と$\frac{25}{40}$になりました」「分母を最小公倍数の40にそろえたところが似てる」分数を使うというところがいい考えだね。
まだ他にも考えがあるという人は？「シュート数をそろえて比べることができたから、入った数をそろえても比べられる。入った数の6と5の最小公倍数が30だから、Aは50本で30本入ったことになって、Bは48本で30本入ったことになる」

	うった数	入った数
A	10本　50	6本　30
C	8本　48	5本　30

「うった数が少ない方が、よく入ったといえるから、Bの方がよく入ったといえる」これ何かで似たような学習やったね。何だっけ？　「混み具合」そうだ！　まだある？

「小数になおしてやってみました。Aは$\frac{6}{10}$で6÷10＝0.6、Cは$\frac{5}{8}$で5÷8＝0.625」

小数で0.6と0.625として、これは何を表しているの？　「1本うってどれだけ入ったか」「入りやすさ」

これでどうやって、どっちがよく入ったといえるの？　「Aは10回うったら6回入る。Cは1000回うったら625回入る」「Aは1000回うったら600回入る。Cは1000回うったら625回入る」「だからCの方がよく入ったといえる」

「Aは1回うったら0.6回入る。Cは1回うったら0.625回入る」これは何の考え使っているかわかる？　「平均」そう、前に学習した平均の考えがつながったね。「600回と625回としなくても0.6と0.625のままでも比べられる」小数のままでもどっちがよく入ったかが比べられるんだね。この小数は何を計算したといったらいいの？　「入った数の全体における割合」10本中6本の全体はいくつ？　「10」8本中5本の全体は？　「8」じゃあ、0.6の全体はいくつなの？　「1？」そうだね。40本中24本と40本中25本としたときは、全体を40にそろえていたけど、0.6と0.8は全体を1にそろえていると考えられるね。こういうふうに全体を1とみたとき、どれだけにあたるかを小数で表して比べることができるということだね。全体を1とみたときに、いくつにあたるかを表した数を割合というよ。

学習したことを振り返ってまとめを書いてみよう。

みんなが書いたことをテキストマイニングで分析するとこんなふうになりました。基準を1とすることが割合ではポイントだといえそうだね。

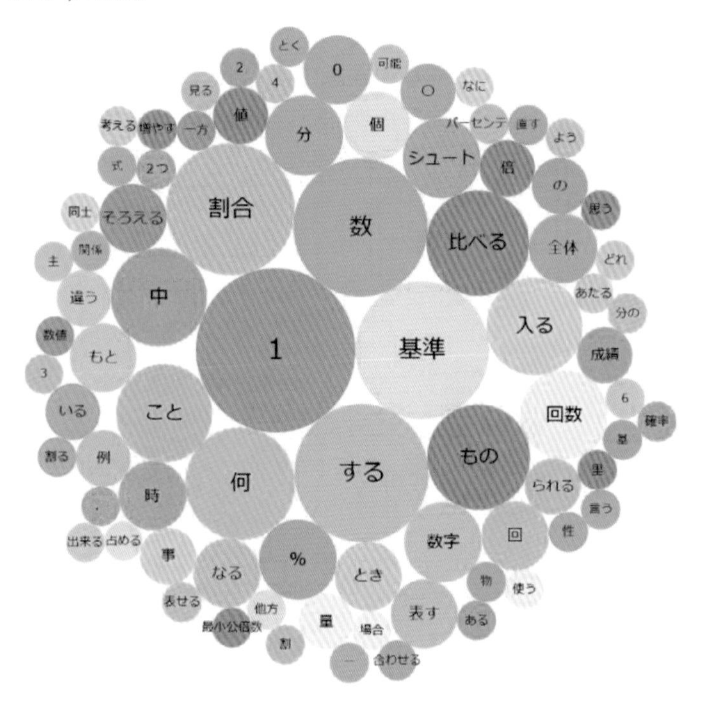

(2) 消費税の計算

200円のビールを買います。消費税は10%です。代金はいくらになりますか。

どんな式になる？

「200 + 200 × 0.1」

そうだね。10%は小数の割合で表すと0.1だから、200 × 0.1が消費税分で、200 + 200 × 0.1 = 200 + 20 = 220となるね。

別の式で表した人？

「200 × 1.1」この1.1って何？

「200 ×（1 + 0.1）ということ」

1.1というのは、線分図でいうと、200円を1とみると、0.1にあたるのが消費税で、合わせて1.1だね。

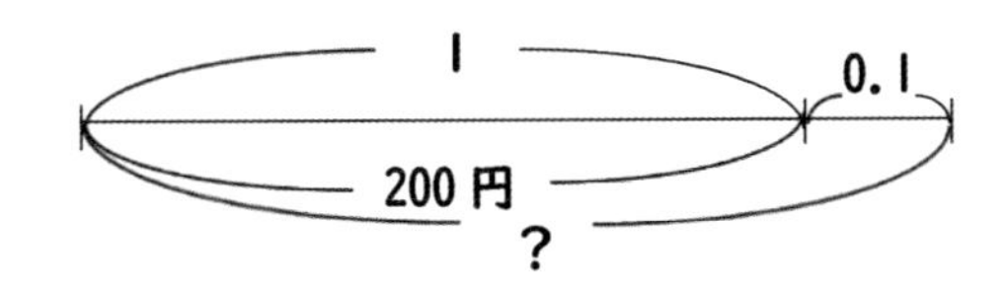

では次の問題はどう？

180円のジュースを3本買います。消費税は8%です。代金はいくらになりますか。

さぁ、やってみよう。

どう？

「180 ×（1 + 0.08）= 194.4」

1本いくらなの？ 「194.4円」「四捨五入（ししゃごにゅう）して！」確かに、0.4円は払（はら）えないから1本だったら194円になります。だけど四捨五入ではなくて“切り捨（す）て”なんです。消費税は切り捨てすることに決まっているんです。四捨五入はしない。続きは？

「$194 \times 3 = 582$で582円」582円でいい？
「いや、583円です」583円になった人？
　けっこういるね。なんで、582円になる場合と583円になる場合があるの？　考えてみよう。
　583円になるのはどういう計算？
「$180 \times 1.08 = 194.4$で、$194.4 \times 3 = 583.2$だから583円」
　582円で買うことはできないということ？「1本ずつ買う」1回ずつ会計を分けるということだね。ちょっと細かく言えば、半端が0.4円だったから、2本でも0.8円で切り捨てられるので2本と1本で分けて買えば合計は582円で済(す)みますね。
　税込(ぜいこみ)価格が194円と書いてあったから、それを3本買ったら582円だと思っていたら、実際は583円になってしまいます。
“1円くらいいいじゃないか”って思うかもしれませんが、それがなぜそうなるのかを理解しておくといいですね。「だから、スーパーでは、194.4円みたいに小数でかいてあるんだ！」

(3) 割引(わりび)きが先？　消費税が先？

> 定価1500円のシャツを20％引きで買います。代金は何円ですか。

考えてみよう。

「1500×（1－0.2）＝1500×0.8＝1200」

1200円だね。

では、問題を少し変えてみよう。消費税は10％です。

Ⓐ2割引きしてから消費税10％を計算するのと、

Ⓑ消費税10％を計算してから2割引きするのは、

どちらが安い？　Ⓐだと思う人？　Ⓑだと思う人？

じゃあ、計算してみよう。

どう？　「同じだった」

Ⓐから聞いていくよ。

「1500×（1－0.2）＝1200だから、

1200×1.1＝1320で1320円」

Ⓑは？

「1500×1.1＝1650だから、

1650×0.8＝1320で1320円」

つまり、「変わらない」何で変わらないの？

「一つの式でかくと、Ⓐは1500×0.8×1.1で、

Ⓑは1500×1.1×0.8」

「かけ算は順番が変わっても、答えはいっしょだから」

この問題は、一見値段がちがいそうですけど、割引きと消費税の計算はどっちを先に計算してもいっしょなんだということがわかりましたね。

(4) ポテトチップスの増量

ポテトチップスが10％増量で66 gです。増量前は何 gですか。

ポテトチップスがあります。ここに10％増量とかいてあるね。10％増量というのは、普通(ふつう)のより10％多く入っているということです。さあ、考えてみて。

どんなふうにやった？

10％は小数の割合でいうと？ 「0.1」だね。10％増量を図で表すよ。もとの量を1とすると0.1増えたから1＋0.1＝1.1になるね。

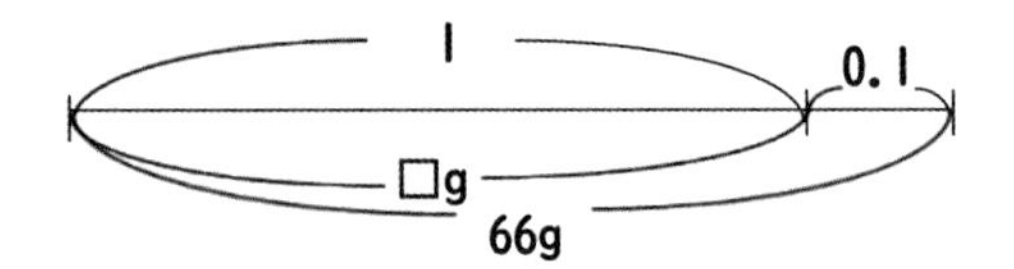

増量前を□ gとしよう。□を使ってかけ算で表せる？

「□×1.1＝66」そうだね。1.1は1.1倍ということだから、かけ算で表せます。

□を求める式は？ 「66÷1.1で60 g」

図に表したり、□を使ったりして表すと問題の構造をとらえやすいですね。答えは60 gでした。実物を見ると確かに60 gと表示されています。それでは、こっちはどうかな？

すっぱむーちょが10％増量で61 gです。増量前は何 gですか。

今度は61 gです。

「わりきれない……」

今回も増量前を□ gとして、かけ算で表すと？

「□×1.1＝61」□を求める式は？

「61 ÷ 1.1」この筆算やってみた？

```
          5 5. 4  5
1、1 ) 6 1  0
       5 5
      --------
         6 0
         5 5
      --------
           5  0
           4  4
          --------
              6  0
              5  5
             --------
                 5
```

わりきれないね。ということは増量前は何gなんだろう？
「約55.5gとしました」小数第2位を四捨五入したんだね。別の答えにした人？　「小数第1位を四捨五入して約55g」

確かめてみた？　55.5gを10％増量したら61gになる？　55gを10％増量したら61gになる？　自分で確かめようとした人はすばらしいね。55.5gにした人の確かめの式は？
「55.5 × 1.1 = 61.05」

55gにした人の確かめの式は？
「55 × 1.1 = 60.5」これも四捨五入で61gでいい？
「四捨五入すればなるからいいんじゃない？」「あんまりよくない」どうして？　「……」
“ふくろには61g入りと書いてあるのに、なーんだ！　60.5gしか入ってないじゃないか！”とけちくさいことを思う人は先生だけだね。「ぼくも思う」そうですか。“0.5g少ないということは、ポテチでいったら1枚少ないじゃないかっ！　あと1枚食べたかった（笑）”なんて思うかもしれないね。

実際の増量前の表示は“55g”です。55gで10％増量したら本当は60.5gだけど、61gと表記しています。整数で表記しているんだね。“かいてある表示より少なくていいの？”って思う人がいるかもしれないけど、誤差（ごさ）の範囲（はんい）はいいみたいです。ほんのちょっと多いとか、少ないとかは、おかしなので許容しています。そもそも置いておくだけで、長い時間が経つと湿気（しっけ）とか酸化で重さが少し変わったりすることだってあるみたいです。

みんなに考えてほしかったのは、計算上だと複数の可能性があって、答えが定まらないことだってあるということ。ものごとは四捨五入とか誤差とかを考える必要が出てくるということだね。

面　積

(1) 四角形の枠（わく）

今みんなには、4本の同じ長さの赤い棒（ぼう）を配りました。これをつなげて四角形を作ってみよう。そうしたら、こういうふうに動く四角形ができると思います。

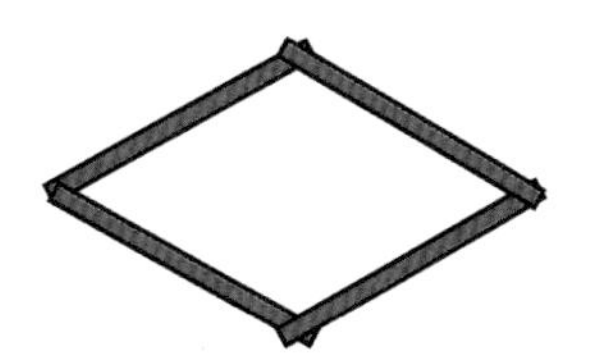

まずはじめに、正方形にしてみよう。そうしたら、少し動かしたこの図形はどんな形かな？　「ひし形」そうだね。

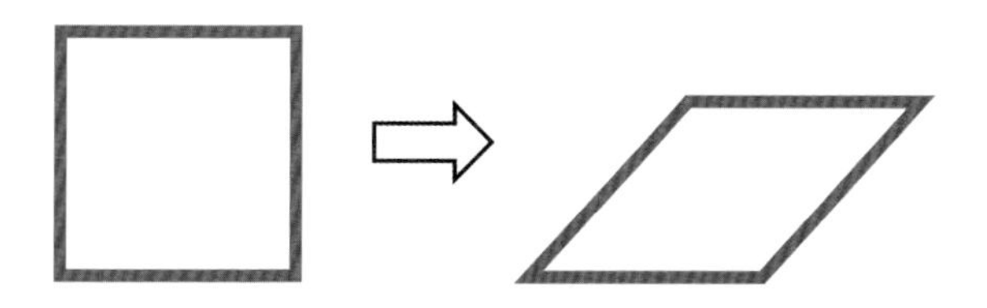

では、この正方形の形をこう変化させると面積はどうなるかな？　変わらないと思う人？

けっこういるね。じゃあ、変わると思う人？

何人かだね。変わると思う人は、増えると思う？　それとも減る？　「減る」そうですか。じゃあ、面積が変わらないと思う人で理由がいえる人はいる？　「こうすると低くなるけど、図形が長くなるから変わらないと思う」なるほど。変わらないと思う人で他に理由がいえる人は？　「辺の長さが変わってないから、面積は変わらないと思う」そうか。ちゃんと自分の考えやその理由がいえるのはすばらしいね。本当に面積は変わっていないかを確かめていこう。じゃあ、面積が減るという人で理由がいえる人はいる？

「こういうふうになったら減ってるじゃん」

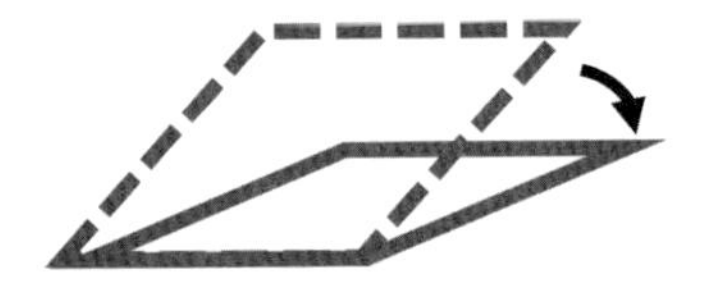

こういうふうに大げさに、極端（きょくたん）につぶしたんだね。これだったら正方形と比べて面積はどう？　「減った」じゃあ、このとき、長さはどう？　変わった？　「変わってない」ということは、長さが同じでも面積は？　「小さくなる」と、いえそうだね。つまり、辺の長さが同じでも面積が小さくなることがあるということだね。もっとつぶしたらやがて面積は？　「ゼロになる」そうだね。じゃあ、これくらいだったら、最初の正方形と比べて面積は？　「減っている」「だんだん小さくなってく」そうだね。この変化から、面積は減っていることがわかるね。

他に面積が小さくなる別の理由を説明できる人いる？

「ここのはみ出した部分は、ここと同じなので、そうすると上の部分だけせまくなっている」

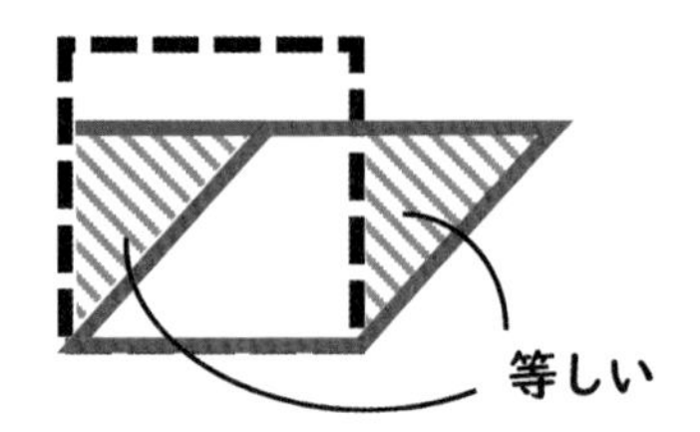

どう？　みんなわかった？　この高さが低くなった分だけ減っていることがわかるね。

1つ目の、図形を変化させていく様子からだんだん減っていくことがわかるという説明が、“そう予想できる”という予想的な説明の仕方であったのに対して、2つめの説明は図形の等しい部分から面積が減った分を明らかにしているね。説明の仕方がちがう。どちらも大切にしたい考え方だね。

(2) 袋(ふくろ)にピッタリ入った紙

はじめに、こういう長方形の袋と、白い紙を配るね。ぴったり入る大きさになっているから、丁寧(ていねい)に中に入れてください。

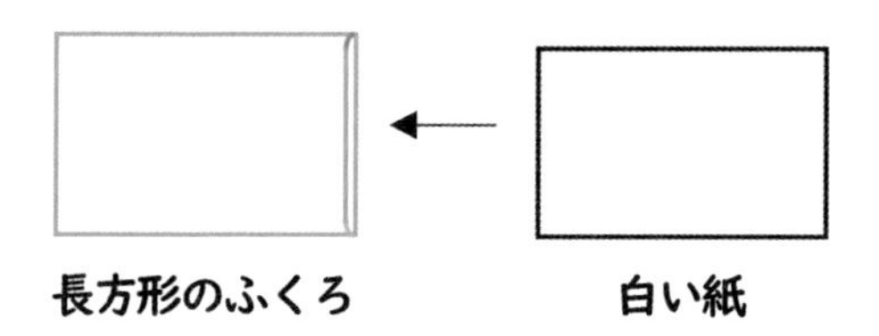

できた？　袋の面積と紙の面積は、実際にはほんの少し隙間(すきま)があるけれど、ピッタリ同じとして、面積は等しいと仮定します。袋と白い紙の面積は等しい。

そうしたら、こんなふうに、袋から3～4cm紙を出します。

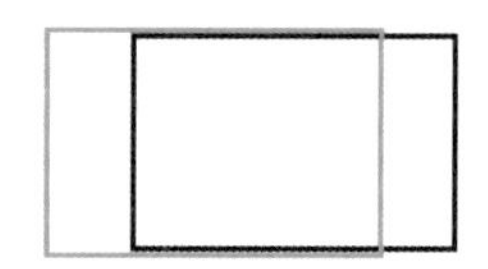

そうすると、外にはみ出した部分の面積と……？「袋から出た部分の面積と空いている部分の面積が等しい」そうですね。なぜ等しいといえるの？　誰か説明して。けっこう当たり前のことですが、当たり前のことの説明は意外と難しいね。なぜ等しいのか説明してください。「わかるけどいえない」言葉でちゃんといえることが、理解しているということかもしれないね。なんとなくわかっているけどいえないというのは、実は理解していない。ですから、言語化、言葉にするということを大事にしたいね。「3cm出たとしたら、空いた部分の下の長さも3cmだから、紙が動いて空いた部分の面積は、下の長さと高さが同じなので、面積も同じ」長方形の辺の長さが同じになるからということだね。確

かにこの2つの図形は“合同”ですね。だから面積が等しくなる。

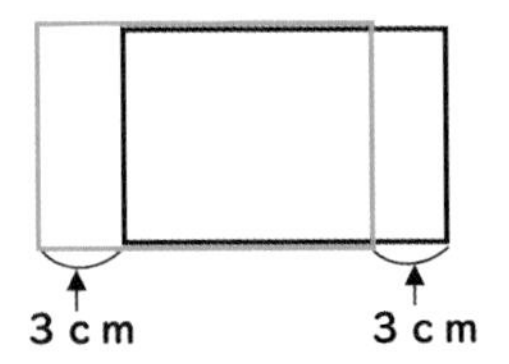

他の説明ができる人？

「もともと同じ大きさだからずらした時にはみ出した部分と空いた部分は等しいといっていい」

なんで同じといえる？　「もともと紙と袋の面積は同じだから」

じゃあ、今の説明を式で表してみようか。ここの空いた部分をA、真ん中の部分をB、出た部分をCとする。

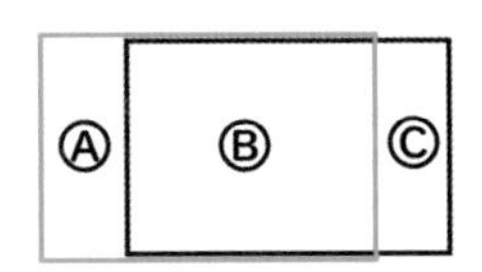

もともとの面積は？　「A＋B」「B＋Cでもいいよ」ということは、A＋B＝B＋Cだね。袋の大きさと紙の大きさが等しいからね。Bというのは共通している部分だね。この式からいえることは？　「A＝C」こういうふうにも考えられるね。

そうしたら今度はこの紙を袋にもどして、入口を斜（なな）めに切ります。今度はこんな図形になるね。袋と紙の面積は等しいと仮定します。

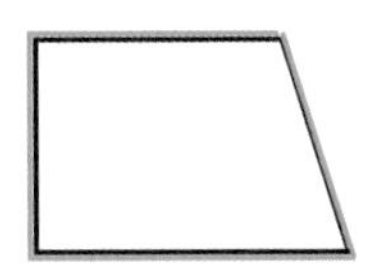

これで、さっきと同じように中の紙を3～4cm出します。そうしたら、どういうことがいえる？　「右側の平行四辺形と左側の長方形の面積が等しい」

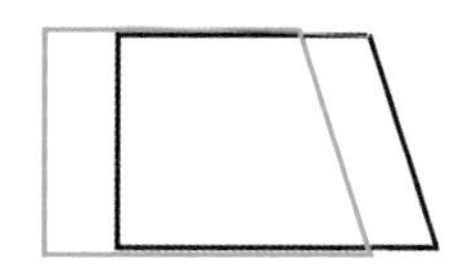

前は出た部分と空いた部分が同じ形だったけど、今度は出た部分は？　「平行四辺形」空いた部分は？　「長方形」なのに、この平行四辺形と長方形は面積が等しいといっていい？　「はい」どうして？

「前と同じで、もとの面積が等しいから、出た部分と空いた部分は等しくなる」そうだね。

前回、四角形の枠で学習したときは、高さが低くなった分だけ面積が減っちゃったことがあったね。今回は、長方形と平行四辺形で高さは？　「変わっていない」

長方形は、高さの変わらない平行四辺形に変形しても面積は？「変わらない」と予想できるね。

(3) 平行四辺形の面積

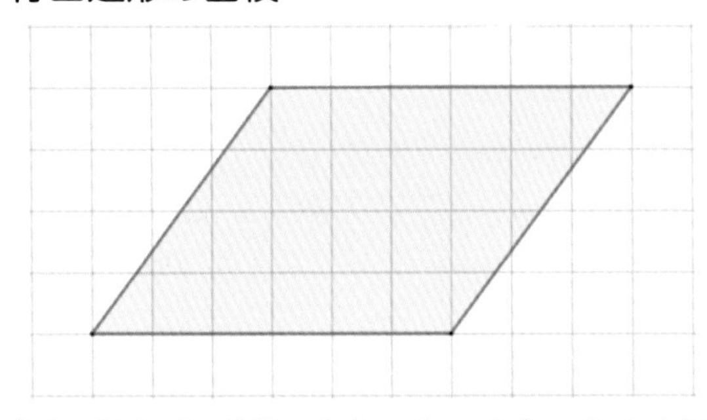

このような平行四辺形だったら、どのようにしたら面積がわかる？

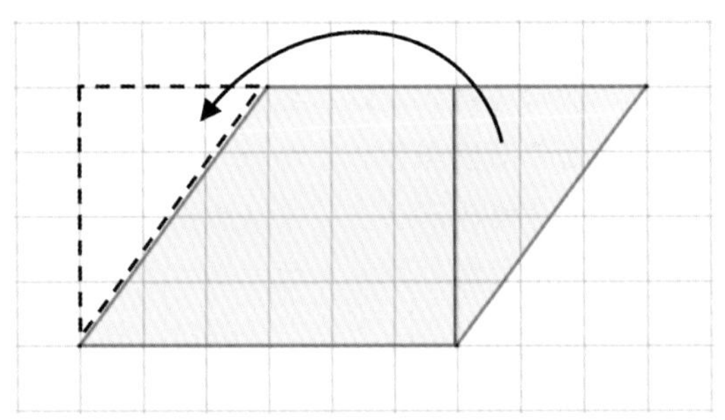

「縦(たて)に切って、こっちに移動する」こうすると、どんな図形になったの？「長方形」平行四辺形を底辺と高さが変わらない長方形に変形できたね。どんな平行四辺形でもこういうふうに切って移動すれば、高さの変わらない長方形になる？「はい」「正方形になる場合もあります」なるほど。

別のやり方をした人は？

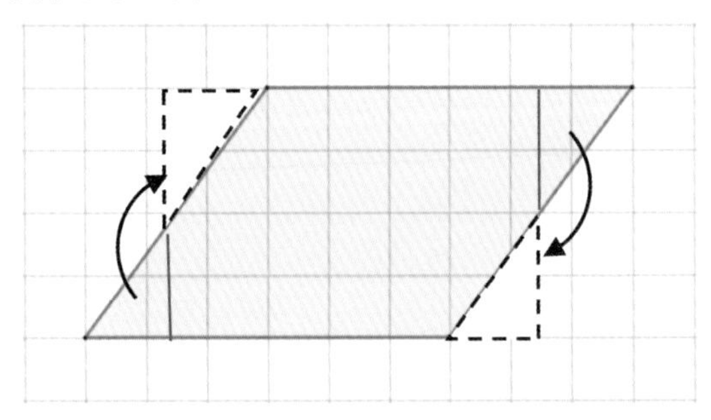

こうしても、平行四辺形が長方形に変形できるね。高さは変わっている？　「変わってない」こういうふうにすれば平行四辺形は高さの等しい長方形に等積変形できるね。つまり、平行四辺形の面積は、長方形の面積をもとにして求めることができるということ。

この長方形の縦は4cm、横は6cmだね。この2つの長さは平行四辺形でいうと“高さ”と“底辺”にあたるから、平行四辺形の面積は底辺×高さで求められます。

では、こんな細い平行四辺形の場合はどうだろう？

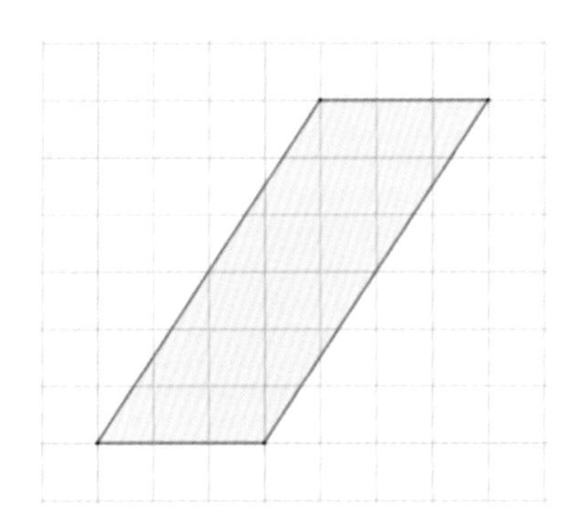

高さは図形の外に出ちゃうよ。この場合でも公式の底辺×高さを使えるのかな？　どうしたらいい？

「この平行四辺形は短い方を底辺とみてるけど、長い方を底辺として考えれば、高さは図形内におさまる」

なるほど、いい考えだね。

じゃあ、短い方を底辺とみたら、底辺×高さは使えないんだね。

「平行四辺形は、高さの等しい長方形に変形できるんだから、使っていい」

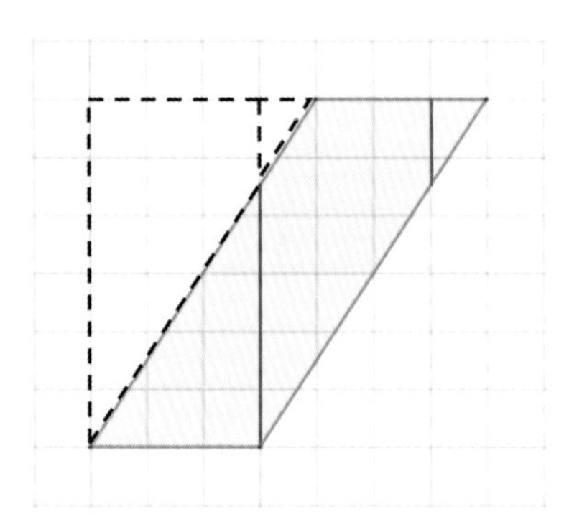

「ここをちょっと切って移動したらはまるので、もう1回切って移動すれば長方形になる」確かにそうだ！　パズルみたいだね。平行四辺形は高さの等しい長方形に変形できる。これはここでも成り立つといえるね。

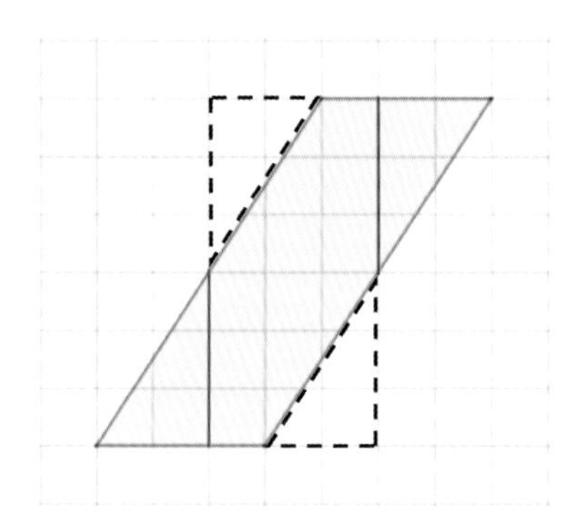

「こういうふうに切ってはめれば、長方形になります」なるほど。こうしても長方形になるね。結局、このような細長い平行四辺形でも、長方形に等積変形できることから、底辺×高さを使っていいといえるね。

（4）長方形の中の三角形

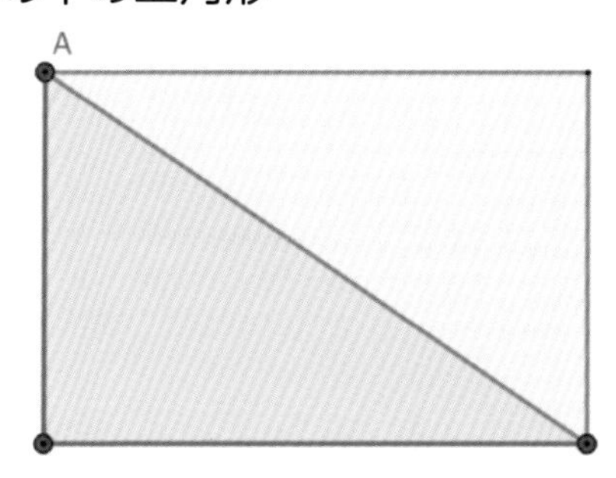

こんなふうに縦4cm、横6cmの長方形があります。対角線を1本引くと三角形ができます。この三角形の面積は？　「12cm²」どうしてそうわかる？　「長方形の面積の半分だから」そうだね。

では、三角形の上の頂点をAとして、頂点Aを長方形の上の辺上を少し右に動かします。

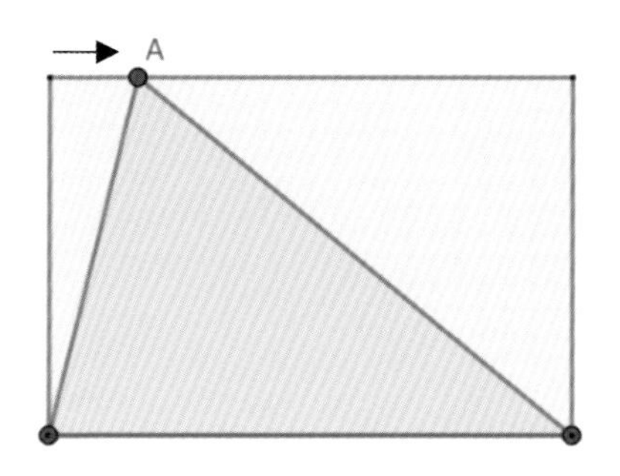

点Aが少し右に動いたとき、三角形の面積はどうなるかな？
「変わる」「変わらない」理由を考えてみよう。
「前回、長方形は高さが変わらないまま平行四辺形に変形しても面積が変わらなかったから、今回も高さが変わらないから面積は変わらないと思う」前の学習を使って考えているところがいいね。
「それって予想みたいなものでは？」そうだね。これは予想かもしれない。これまでの授業で話したことがあるけど、“予想的な考え”と“確かにそうだと証明するような考え”の大きく2つの考え方があるんだ。予想としてこう考えられたのは、考えとしてはすばらしいと思います。“そうかもしれない”と推測しているともいえるね。“必ずそうだ”といい切ったわけではない。
　別の説明ができる人？

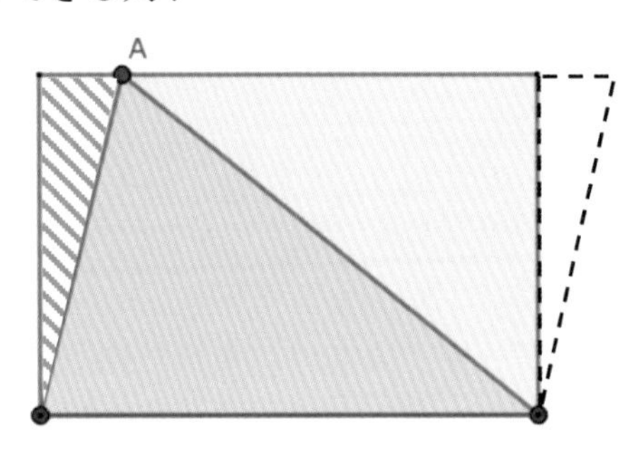

「空いているところが2つあって、左側を右側に移動すると、平行四辺形になって、できた2つの三角形は、底辺も高さも同じだから、同じ三角形が2個あるので、同じ面積とわかる」なるほど。
　他にもある？
　最初の点Aが移動する前の面積は、長方形の半分だといっていたね。これと近い考えの人は？

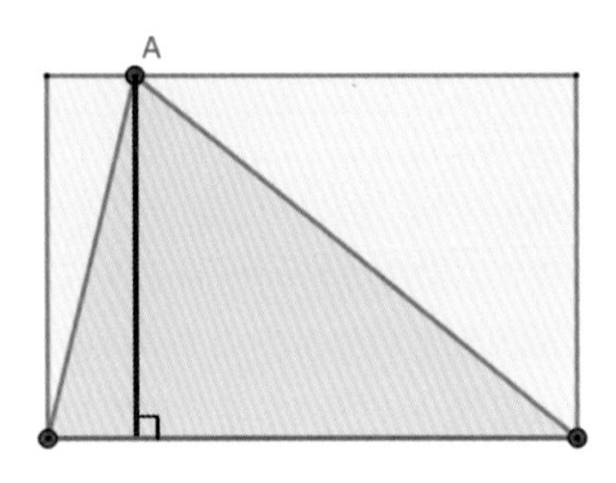

「移動した点Aから長方形の下の辺に垂直に線を引くと、左側も右側もどっちも半分になるから」どっちも半分だからというのがすごくわかりやすい表現だね。

こう考えれば、点Aがもっと動いても面積は？「変わらない」といえるね。

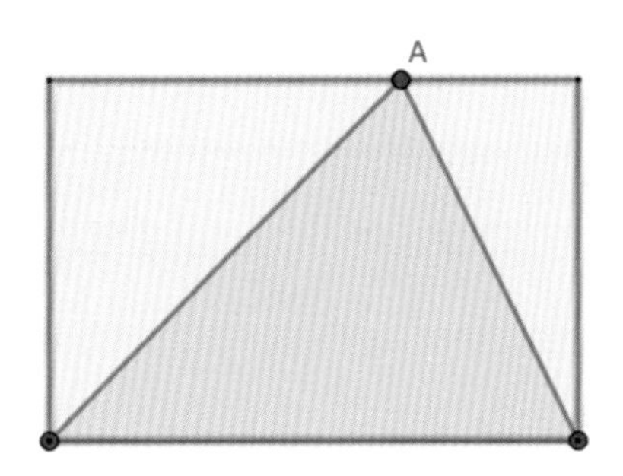

同じ説明が使える？「使える」使えますね。すなわち、点Aが動いても面積は変わらないということがいえるでしょう。

このときの面積はいくつかというと？「6×4÷2」長方形の半分とみて、長方形をもとにして三角形の面積を求められるね。6は三角形でいうと底辺にあたり、4は三角形の高さですから、三角形の面積を求める式は、底辺×高さ÷2と表すことができます。

さっき平行四辺形の半分とみるやり方も出ましたが、平行四辺形の半分とみた場合は、式は？「底辺×高さ÷2」となって同じ式になりますね。平行四辺形をもとにして三角形の面積を求めることもできます。学習した図形をもとにすれば、新しい図形の面積の求め方も説明していくことができるということだね。

(5) 長方形から点が出た場合

点Aがもっと動いて、長方形から出てしまったらどうでしょうか？

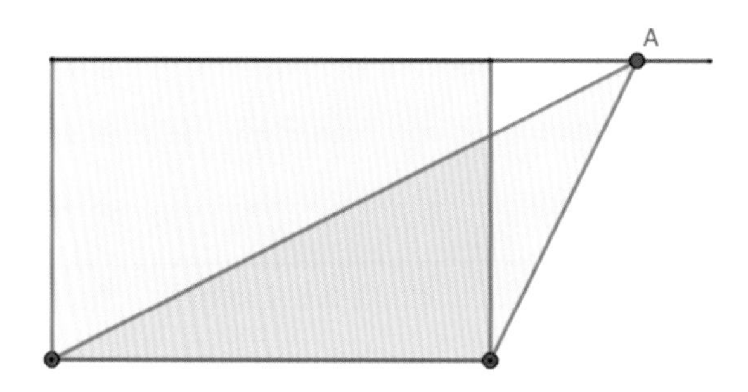

長方形の上の辺を延長（えんちょう）して、点Aが長方形を飛び出してしまいました。三角形の面積は長方形の半分とみられるから底辺×高さ÷2が使えたのに、点が外に出てしまっても底辺×高さ÷2は使えるのでしょうか？

「使える」「使えない」その理由を考えてみよう。

先生は最初ね、長方形の方を大きくすればいいんじゃないかって考えたんです。

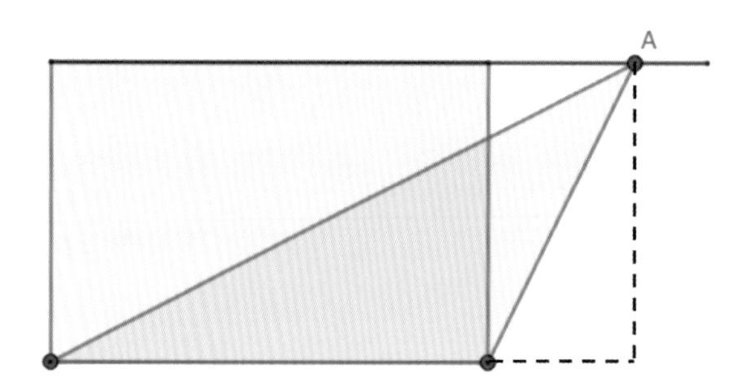

でも、それでは底辺が6じゃなくなっちゃうのでうまくいかないなって気付きました。いったいどういうふうに考えれば、これは面積が求められるんだろう？

「さっき先生がかいた点線の部分を移動すれば」どこに？

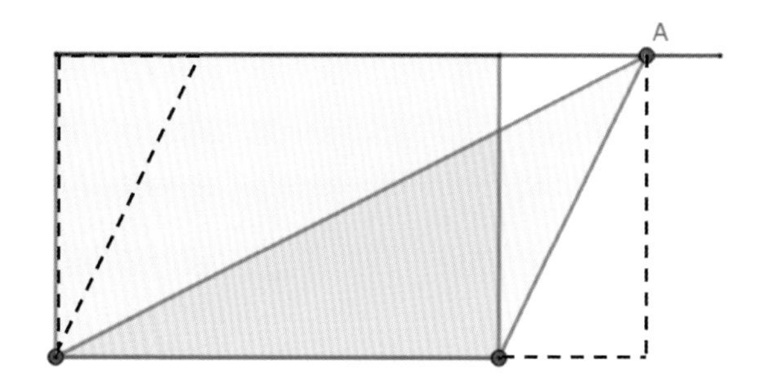

「反対側。しかも逆にする」それで？　「平行四辺形ができるから、三角形の面積は平行四辺形の面積の半分」なるほど！　点Aが出ちゃったときは、平行四辺形をもとにすればできるんだね。そうしたら式は？　「底辺×高さ÷2」が使えるね。

　別の考えをした人は？　「似てるけど、三角形を2つくっつける」どうやって？　「さかさまにして」

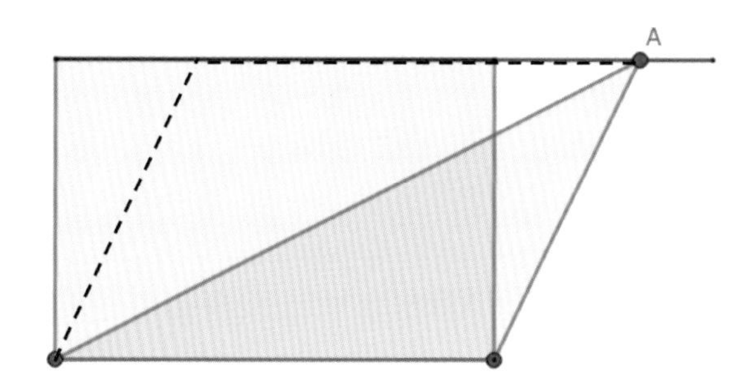

「こうすると平行四辺形ができるから、三角形の面積はその半分」さっきは、点線の図形を移動することによって平行四辺形を導入していたのに対して、今度のはもう1個同じ図形を使って平行四辺形を導入しているね。これも式は？　「底辺×高さ÷2」だね。結局点Aが出ちゃっても底辺×高さ÷2は？　「使える」ということがいえるね。このときの高さってどこのことなの？

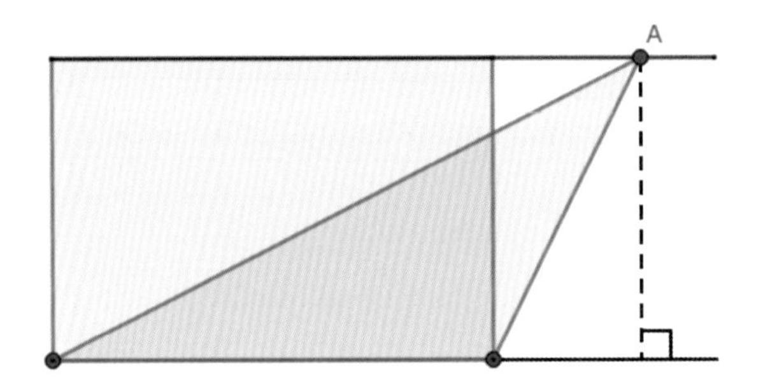

点Aから垂直におろしたところですね。高さが三角形の外にあるともいえます。高さが図形の外にあっても、底辺×高さ÷2が使えるんだね。

振り返ってみると、スタートの三角形は直角三角形でした。点Aが動いて直角じゃない三角形になっても、点Aが出ちゃって高さが図形の外にある三角形になっても、底辺×高さ÷2が使えるということだね。

(6) 土地の面積

これは、先生が家を建てるのに買った土地です。この6つの土地を実際に買いました。けっこう複雑でしょ。

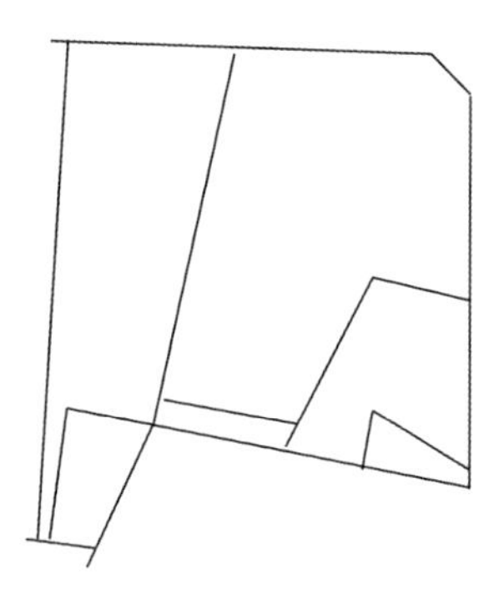

土地の面積ってけっこう複雑なところもあるんですね。今回は土地に関する問題です。※『子どもが飛びつく算数教材集5年』国土社p54～57

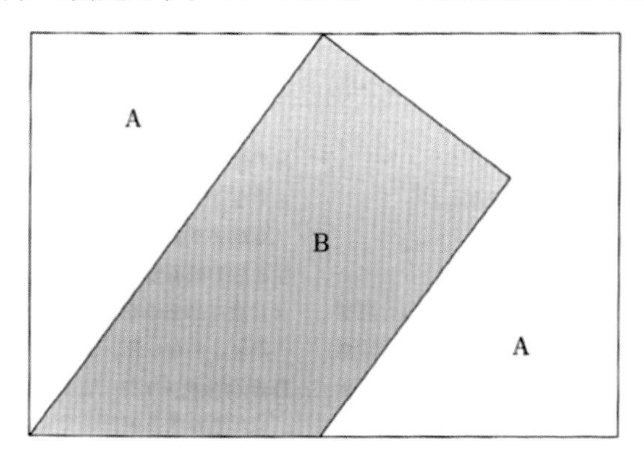

AはAさんの土地、BはBさんの土地です。「Aさんの土地が分裂してる」そうなんです。Aさんは、自分の土地が分かれてしまっているので、1つにまとめたいと思っています。ただし、1つにまとめることで広さが変わっちゃったら困りますね。ですから、土地の広さは変えたくないと思っています。一方、Bさんは、直線で区切ったらわかりやすくていいと思っています。

土地を１つにまとめたい。広さは変えないでほしい。

直線で区切ってほしい。

Ａさん

Ｂさん

このＡさんとＢさんの意見を取り入れて分ける方法を考えてみよう。

「せめて長さがわからないと、等しくできたかがわからない」長さが知りたいんだね。どこの長さがわかったらできる？　「縦と横」長方形の縦は20m、横は26mです。あとはどこの長さを知りたい？　「上のＢまでのところ」ここは13m。「わかるところ全部教えて」この三角形の高さにあたるところが9m。

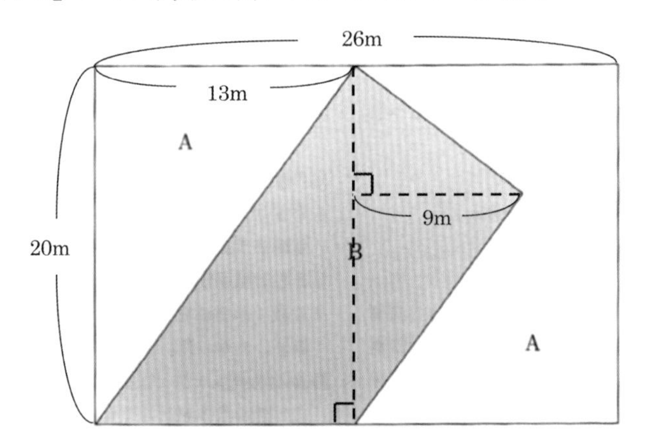

どうですか？　最初にどこを計算しましたか？　「Ｂの面積を求めようと思ったので、Ｂの右側の三角形の面積は90m²」式は？　「20 × 9 ÷ 2」

「Ｂの左側の三角形が13 × 20 ÷ 2 = 130になって130m²とわかる」なるほど。そしたらＢの面積は？　「130 + 90で220m²」

じゃあ、Aさんの土地はわかる？ 「20×26＝520で、これが全体だから、520－220でAは300m²」これでAとBの面積がわかりました。そうしたら？ 「220と300は、両方とも縦の長さの20でわれます。だから、Aは300÷20＝15で、Bが220÷20＝11だから、横が15mと11mのところで区切ればいい」

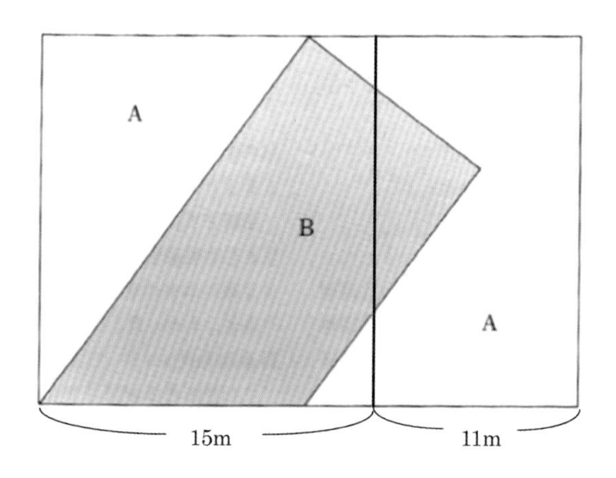

みんないい？ 確かにこうすればできますが、もっといい方法はないのかな？ 「Aは求めなくていいです」何で？ 「ムダな作業です」「220÷20＝11で終わり」確かにそうだね。Aの面積を求めた人もけっこういるみたいだけど、Aの面積を求めなくてもよかったね。

そもそも、面積を求めないとできないのかな？ 今、長さを与えて計算したけど、長さを与えなくてもできないかな？ 「それは無理だと思います」ムリ？ 大昔、まだ長さを測る道具がない時代でもできたよ。みんなは、高さの等しい三角形は面積が変わらないことを学習したよね。

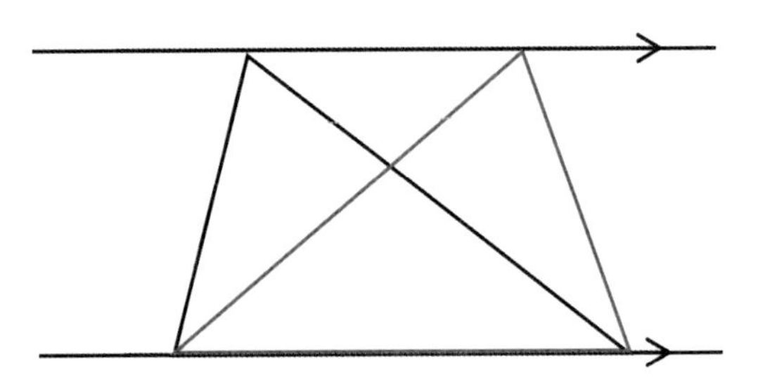

このことを使えないかな？

「こうするとＢさんの右側の三角形が変形できる」そうするとＢさんの土地が四角形から三角形に等積変形できたね。

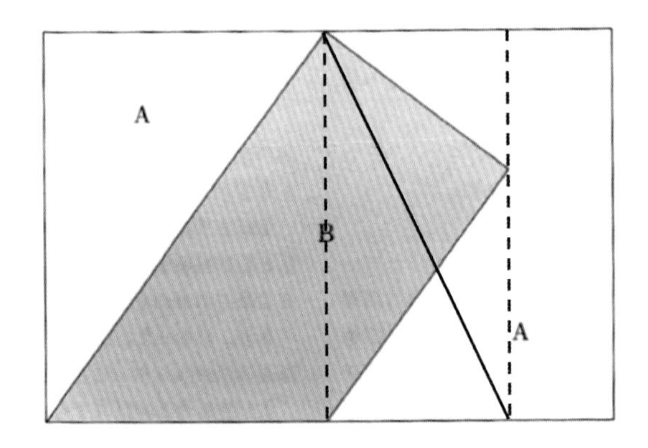

「それで、また同じ考えを使って三角形の頂点を移動すればいい」

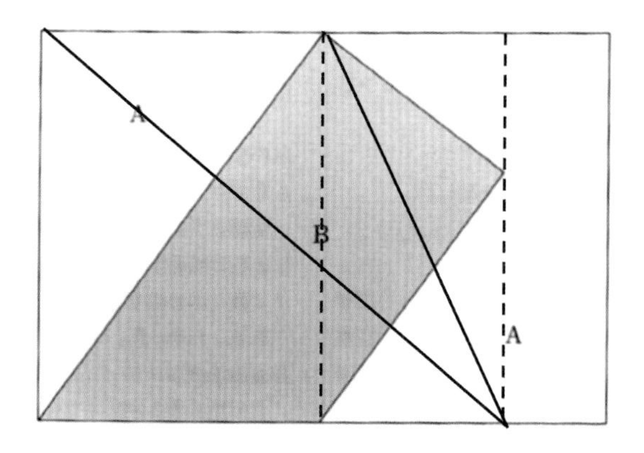

これが答えだね。「先生！　やっぱり長さがわからないと長方形にはなりません」確かにそうだね。

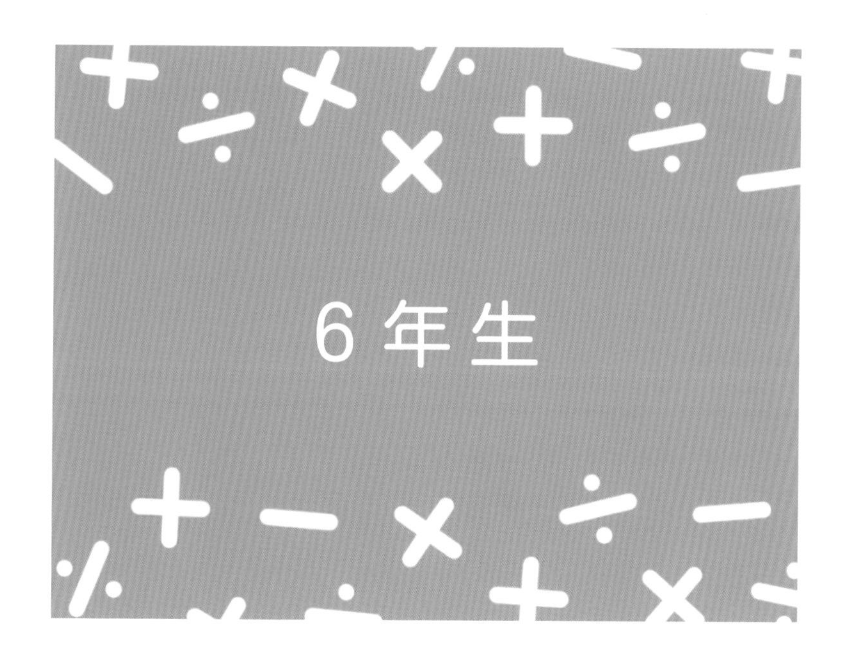
6年生

並べ方と組み合わせ方

(1) 並べ方の調べ方

> さきさん、かずまさん、ゆみさんの3人はリレーの走る順番を決めます。どのような順番があるか調べましょう。

1人1人名前をかくのは面倒だね。1回1回かくのはたいへんだし時間もかかります。算数の問題というのは、解けるか解けないかに注目されがちだけど、実際にはどのくらいの時間で解けたかが重要になってきます。先生の思いとしては、時間がかかっても解き続ける子、粘り強く考えられる子になってほしいと思っていますが、残念ながら現在の入試などでは解く速さを要求されてしまいます。

1走	2走	3走
さき	かずま	ゆみ
ゆみ	さき	かずま

こうやってかいていった人は、途中でめんどくさいなと気付きますよね。だから、さきは(さ)、かずまは(か)、ゆみは(ゆ)と表した方がいくらか速い。記号を使うわけですね。

これだとランダムで重なりが出たりする。落ちや重なりがないようにするにはどういうふうに考えていったらいいのか。ランダムに思いついたものをかいていくのではなく、整理しながらかい

ていく必要があるよね。最初に(さ) (か) (ゆ)をかいたとしたら、次にかくべきなのは？　「(さ) (ゆ) (か)」「1個目を同じにしてかけばいい」そうだよね。まず、最初が(さ)のものを考えよう。

それが終わったら、次に最初が(か)のものを考えよう。それが終わったら最初が(ゆ)のものを考えよう。というふうに整理しながらやっていかないと、ランダムでは落ちや重なりが出たり時間がかかったりしてしまいます。最初が同じだから図にすると、こういう樹形図になるんだね。樹形図は最初をそろえるという考えのもとにできているともいえるね。

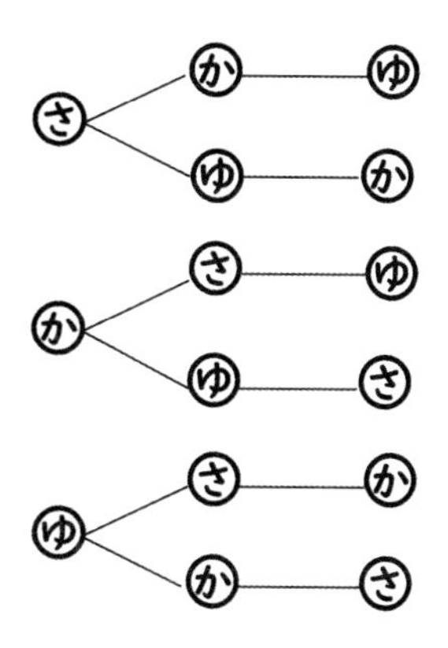

こういうふうに調べていけば、これで全部だということも間違（まちが）いなくわかるね。樹形図という図は、順番を整理したい時にとても便利なものだということもいえるね。

今日の学習を振（ふ）り返ると、今日は3人の順番を考える問題でした。それは、ランダムにかき出していくこともできるけれど、漏（も）

れ落ちがあったり時間がかかったりするから、どうするの？
「記号を使う」「樹形図を使う」そうだね。最初をそろえて考えていくのを図にすると樹形図になるんだね。

(2) 同じものを省略(しょうりゃく)する

前回の問題ですが、何通りあるかというのを“計算”していくとどうなるかみていこう。まず、最初が㋚のものが2通りだったね。

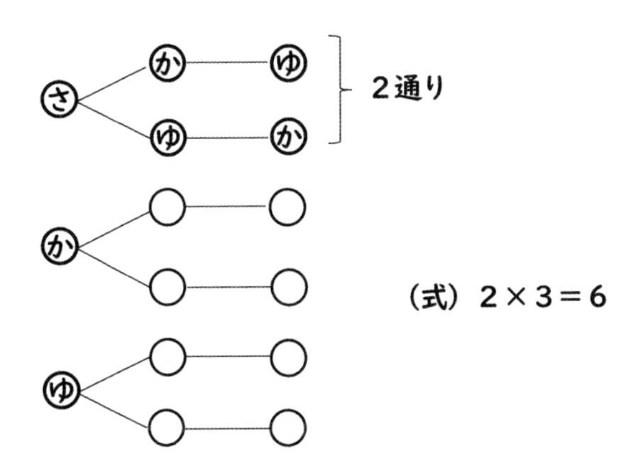

次に、最初が㋕のものも同じように2通り。最初が㋲のものが同様に2通りだから、2×3で6通りと式で表して計算できます。何通りかを求めるだけだったら、途中からかかないで省略できるね。

では、こんな問題だったらどうかな？

遊園地で、ゴーカート、観覧車、メリーゴーランドに1回ずつ乗ります。乗る順番は全部で何通りありますか。

観覧車は㊰と表したらかくのがちょっとたいへんだから、㋕と表そうか。樹形図をかいてみた人がけっこういるみたいだけれど、実は、「この問題は考える必要ない」と気付いた人はいる？　「はい。同じだから」そうだね。3人のリレーの順番を考えるのも、3つの乗り物に乗る順番を考えるのも、3つのものの順番を考えるという意味では共通だよね。だから、図は同じようになって、答えは6通りとわかる。

もちろん樹形図をかいてみるのも、学習を始めたばかりなので大事なことです。かいてみることで、どんな順番があるかなっていうのがよくわかるわけだから。実際に遠足の計画を立てるときに、“どれにしようかな”って相談する場合は、かき出して検討してみるのもいいですね。

では次は、4つのものの並べ方を考えてみよう。

1、2、3、4の4枚のカードを使って4けたの整数を作ります。整数は全部で何通りできますか？

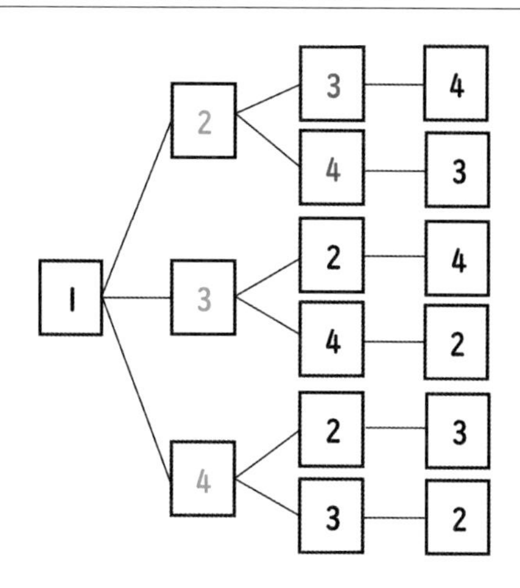

最初に、千の位が1のものを考えるね。そうすると百の位に使えるカードは？「2、3、4」だね。百の位が2のあとは十の位で使えるカードは？「3、4」そうすると、一の位で使えるのは1枚しか残っていないね。こういうふうに樹形図ができていきます。

前回、最初のもので整理することを学習しましたが、実は2番目以降のものも整理しながらかいていかないといけないね。2番目も2、3、4とくる。数字なのでランダムに3、2、4などとかく人はいないかもしれませんが、数字じゃなくてもランダムではあまりよくないですね。ランダムにやったら漏れ落ちがあっても気付きにくいから。前から整理してやっていく、そういう姿勢が望ましいと思います。

やっと最初が1のものが完成しました。最初が1の整数は全部で何通り？「6通り」そうだね。ということは？「千の位が2

の場合も6通り」かかなくてもわかるね。同じ構造だから。千の位が3の場合も？　「6通り」千の位が4の場合も？　「6通り」「6×4」式で表すと6×4で24通りと計算できるね。途中から省略できるということです。

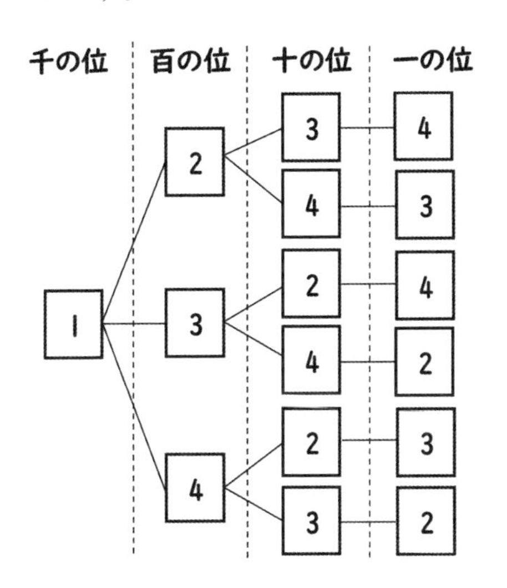

細かいですけど、樹形図をかくときは縦をそろえてかくように気をつけよう。この場合は、縦に百の位の数がそろい、十の位の数も縦にそろうようにかいていく。ずれている樹形図をかくと、扱(あつか)うものが増えれば増えるほど、樹形図がぐちゃぐちゃになって間違いやすい。だから縦にそろうように枝分かれしていきます。

次の問題です。

> 赤、黄色、緑、黒のクレヨンがあります。箱に入れたときの色の並べ方は全部で何通りありますか。

これも普通(ふつう)に解いていってもいいけれども、やっぱりこれも、"同じだ。考える必要ない"と気付く方がよりよいですね。何と同じなの？　説明できる？「さっき、4つのものの並べ方をやったから」「4枚のカードの順番と4色のクレヨンの順番は、ものがちがうだけで、4つの順番という意味では同じだから」「同じ図ができるから」そうですね。だから“やらなくても答えは出せる”と判断できるね。ちゃんとかいて確かめていくと、

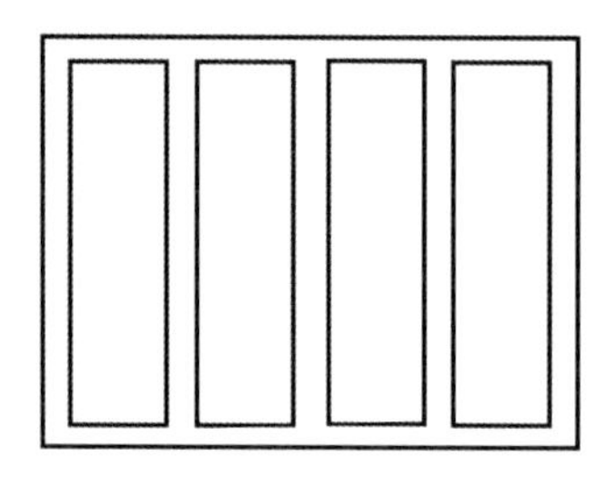

こんなふうにクレヨンの箱があったとして、左から1番目、2番目、3番目、4番目と番号をつけると、リレーの走る順番を1番から4番まで決めるのと、クレヨンの順番を考えるのは、“4つのものの順番”という意味で共通です。図をかいて答えを出してももちろんオッケーです。

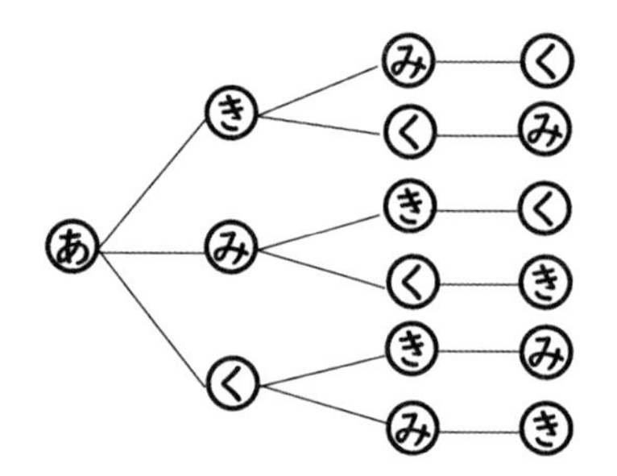

赤が左から1番目にくる場合が6通り。黄色や緑、黒が1番目のときも同様だから、6×4で24通りです。

だけど、“前の問題と4つのものの順番は同じだから24通り”と答えても今回はOKです。時間がかかってしまうから、いかに時間をかけずに解くかを考えたら、このように“前と同じものは省略しよう”“同じものを使おう”というふうに、どんどん時間を節約して解決していこうとすることも大事ですね。

(3) いくつか並べる（全部並べない）

1、3、5、7のカードが1枚ずつあります。この4枚のカードから3枚使って3けたの整数を作ります。整数は全部で何通りできますか？

今日の問題の今までとのちがいは何だろう？「1枚使わない」「あまりがある」そうだね。さあ、やってみよう。

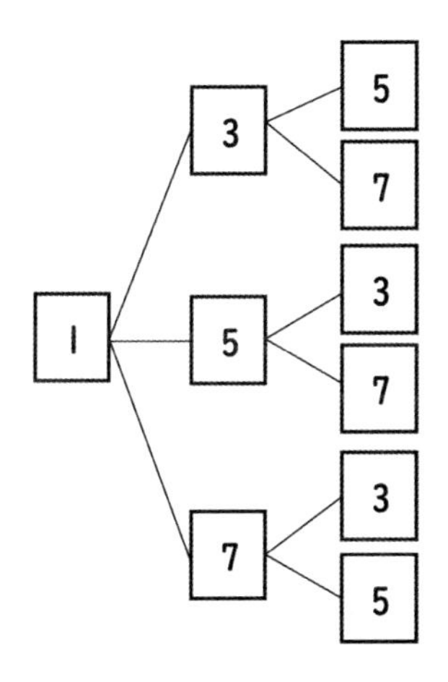

これで最初が1の場合は6通りとわかったね。百の位はあといくつの場合があるの？「3と5と7」あとは式で処理できるね。「6×4」で24通りだね。最初が3のときや5、7のときは省略してもよい。同じような図ができるから、どれも6通りとわかるね。今、問題で聞いていることが“何通りあるか”なので、何通りあるかだけ答えればいいから、さっと計算すればいい。

もしも、問題で“3けたの数のうち、真ん中の数を答えなさい”と聞かれたら、樹形図をちゃんとかいて調べた方がよい場合だってあるでしょう。計算して“何通り”かだけ求めればいいときだけではないということ。他にも、乗り物に乗る順番を友だちと相談するんだったら、やっぱりいろいろかき出してみて検討した方がいい場合もあると思います。かき出してみて、“観覧車は最後がいい”とか“混みそうなのを最初にしよう”とか気が付いたりします。

ちなみに、真ん中の数はどれかな？　かいて調べてみよう。

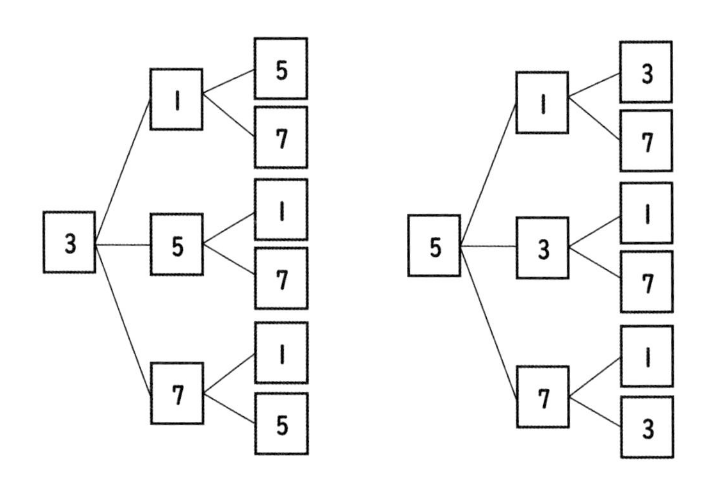

3のいちばん下か5のいちばん上だと見当がつくね。3のいちばん下は？「375」5のいちばん上は「513」どっちが真ん中？「24通りだから真ん中は2つある」そうか！　真ん中は2つだね。じゃあ、真ん中の数は375と513だ。

こういうふうに、かいて調べた方がよい場合もありますので、何でも省略すればいいというわけではないということです。何かを調べたいときはかき出してみて、視覚的に検討した方がいい場合もありますね。

少し問題を変えてみよう。カードが2枚だったらどうかな？

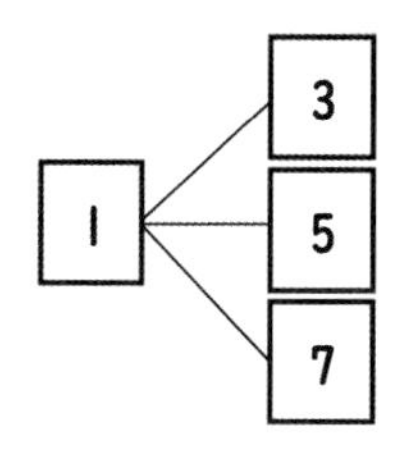

最初が1の場合が3通りだから計算すると？「3×4」で12通りだね。

前回の問題は4枚のカードを4枚全部使って並べましたが、今回のは3枚並べて1枚使わないとか、2枚並べて2枚あまるというような問題でした。今は、“並べ方”の学習をしていますが、“あるものを全部並べる場合”と“いくつか並べていくつか使わない場合”があるということですね。例えば、足の速い人が7人いて、その中から4人選んで並べる、3人あまるみたいなときがありますね。

次の問題にいこう。

さきさん、かずまさん、みみさん、ゆみさんの4人の班で、班長と副班長を決めます。決め方は全部で何通りありますか？

するどい人は気付いたね。「さっきと同じ」何が同じだか説明できる？「2けたが、班長と副班長に変わっただけ」「4つの中から2つを選んで並べるのは同じ」だから12通りだとわかるね。

理解するためにかいてみるよ。

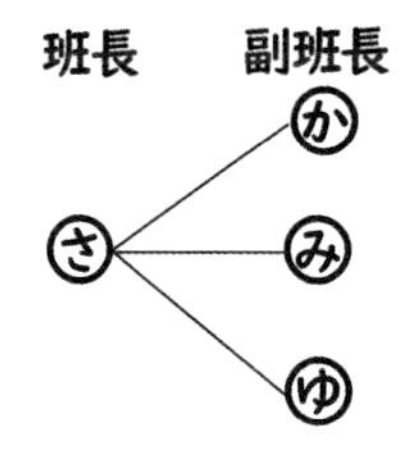

1個目に位置するものが班長。2個目に位置するものが副班長。班長や副班長を決めるという問題は、一見するとあまり並べ方の問題っぽくないじゃないですか。それなのに、並べ方と同じ原理であるとみられるね。

例えば、“さきさん、かずまさん、みみさん、ゆみさんの4人で委員長、副委員長、黒板書記、ノート書記を決めます。決め方は何通りですか？”という問題があったとしたら、あまり並べ方の問題っぽくないですけれど、これは？「4枚のカードを並べるのと同じ」そう解釈（かいしゃく）できますね。ちがうような場面でも同じだと変換（へんかん）するというか、解釈していけるといいですね。だから、いかにも並べ方や順番らしい問題、“並べます”っていってない問題でも、構造が一緒（いっしょ）であることから並べ方として処理できるということ。場面が変わっても構造が同じであることから、並べ方と同じなんだって判断することができます。

さらにちょっとちがう場合をやってみよう。

> 0、2、4、6のカードが1枚ずつあります。この4枚のカードから3枚使って、3けたの整数を作ります。整数は全部で何通りできますか？

この問題では、あることに注意しないといけないね。何に注意するの？「百の位に0はおけない」そうだね。だから、はじめに百の位に2を置く場合を考えようか。

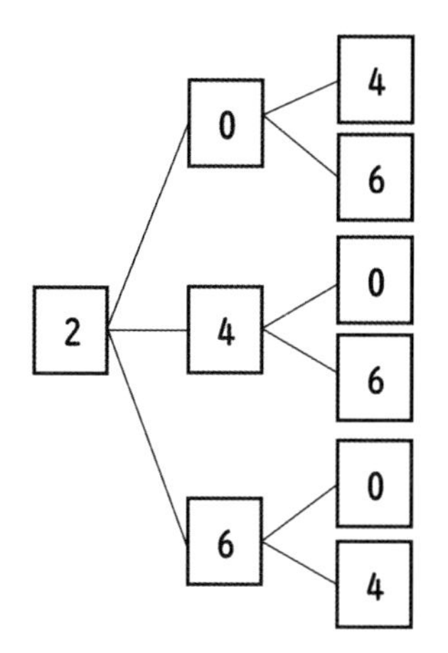

6通りだね。あとは、百の位が4と6のときがあるから、式は？　「6×3」全部で18通りですね。

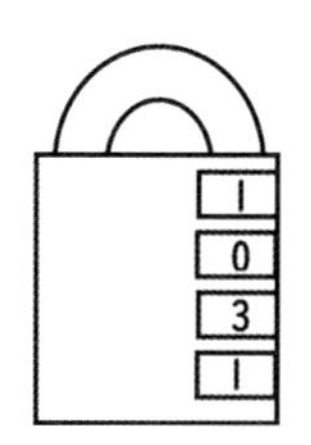

ただし、例えばこんな番号のカギがあった場合は、最初に0がくる場合もあるね。

(4) 同じものが並ぶ

サッカーのペナルティーキックをします。3回続けてけったとき、ペナルティーキックの結果にはどのような場合がありますか。

“どのような場合がありますか”と聞いていますが、前回までのように“何通りありますか”とは聞いていません。ですから、どのような場合があるかをかき表す必要があります。

どのように表していきましょうか。シュートが入った場合は○、入らなかった場合は×と表すことにします。テレビのサッカー中継（ちゅうけい）だと結果が表になってることが多いですね。まず1回目が○のときを表に表してみますね。

1回目	2回目	3回目
○	○	○
○	○	×
○	×	○
○	×	×

これで最初が○のものは全部ですね。これは樹形図でかくとこうなります。表の同じところをまとめたものが樹形図ですね。

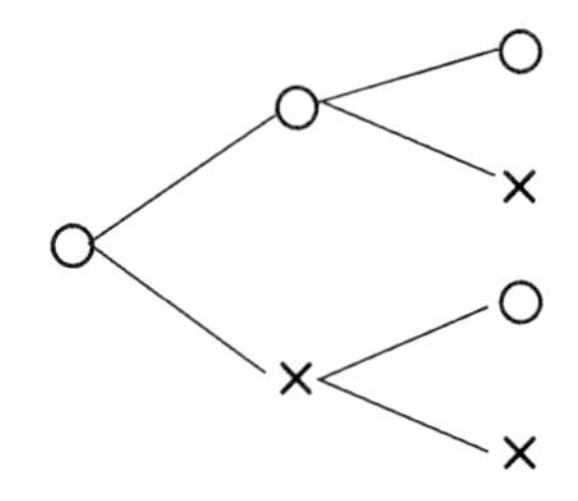

この問題が前回までとちがうところは？　「同じものが出てくる」前回は、1のカードを使ったらもう1は出てこなかったでしょ。でも今回は○が出たら、また○が出てくる場合がある。

続けて、最初が×の場合もかいていこう。

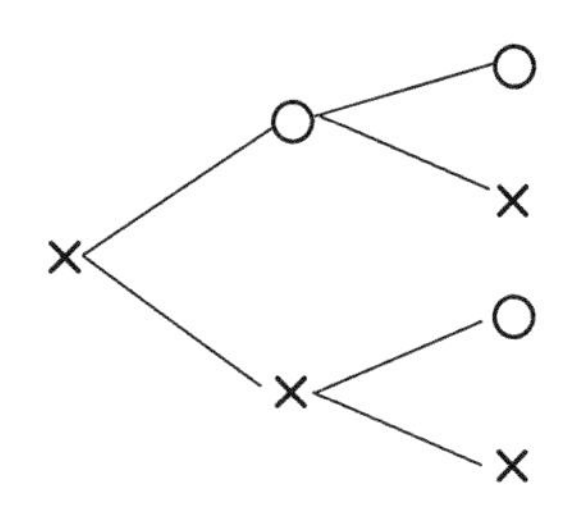

これで全部だね。問題では聞いていないけど全部で8通りですね。

0から9までの数字を使った4けたの番号を合わせるカギだったら何通りあるかな。

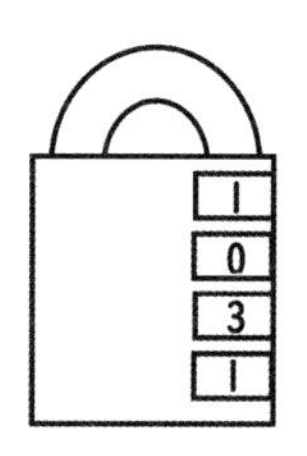

最初が0の場合だけでも10×10×10で千通りあるね。最初にくるのは0から9で10個あるから、1000×10で1万通りとなるね。これも“同じものが並ぶ並び方”ととらえられます。ところが、こんな計算をしなくても、単純に0から9999までの数が1万個あるから1万通りと考える方がいいですね。iPadのパスコードなどは6けたですから、4けたで1万通り、5けたで10万、6けたは100万通りありますね。

(5) 組み合わせ

> A、B、C、Dの4チームでバスケットボールの試合をします。どのチームとも1回ずつ試合をすると、全部で何試合になりますか。

まず最初にAの対戦を考えよう。Aの相手になるのはB、C、Dですね。

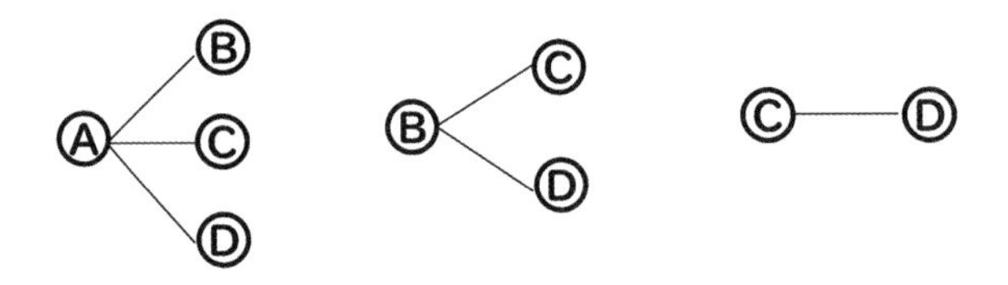

次にBの対戦を考えると、BとAはもうやったからかいたら重複しちゃいますね。前回までとは大きく異なるのは、並べ方だったらA－BとB－Aはちがうものとして区別しますが、“組み合わせ”といったら順番は関係なくて、同じものになるということ。ですから樹形図はこんなふうになるね。

もちろん並べ方と同じように樹形図をかいていって、同じものを消していってもいいです。

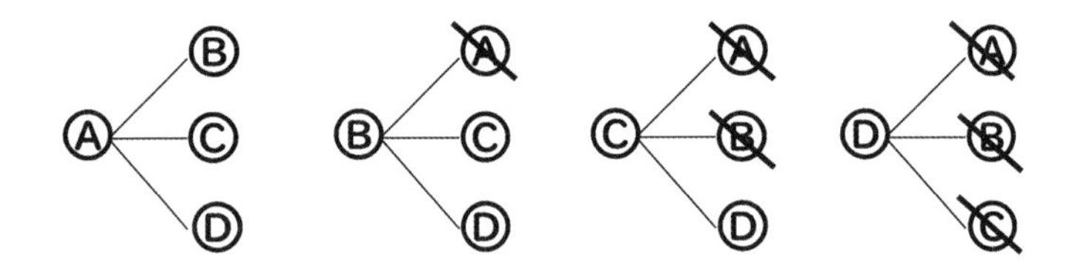

少し時間がかかりますから、重なるものはかかないで樹形図にするといいかもしれませんね。それから、スポーツなどでよく使う対戦表でも6試合と求められます。対戦表は結果を記録したりできるので実用的です。さらに、線でつないで表した図でも考えることはできますね。

	A	B	C	D
A		○	○	○
B			○	○
C				○
D				

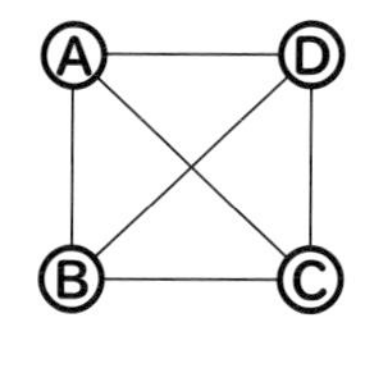

それでは、問題を少し変えて、5チームだったらどうですか？

やってみよう。

線でつなぐやり方をするとしたらこうなるね。線の数だけ試合があるということだね。線の数を数え間違えないように気を付けてください。

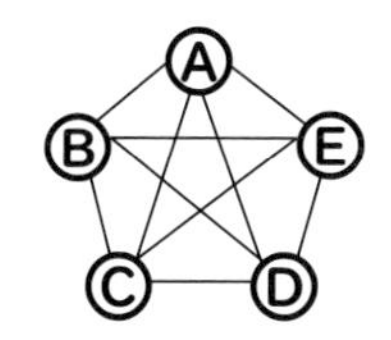

樹形図をかいてやったらこうなるね。

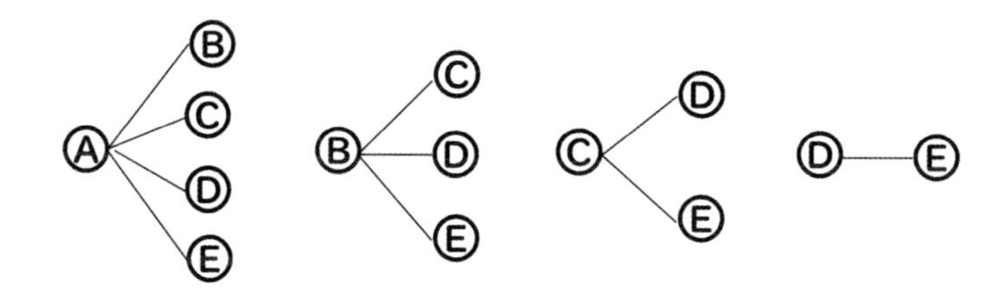

対戦表をかいたらこうなるね。

	A	B	C	D	E
A		○	○	○	○
B			○	○	○
C				○	○
D					○
E					

対戦表は実用的ですが、何通りか調べるだけだったら表をかくのに時間がかかるので樹形図の方が速いかもしれませんね。用途に応じて使い分けていくのがよいと思います。

それでは次の問題にいきます。

> 次の5つのおかしの中から、2種類を買います。組み合わせは全部で何通りありますか。
>
> Ⓐアップルパイ　Ⓑバナナケーキ　Ⓒチョコレートケーキ
>
> Ⓓドーナツ　　　Ⓔエッグタルト

やってみてください。

気付いた人も多いですね。「さっきと同じだ」さっきと何が同じなのか言葉でいえる？　「5つの中から2つ選ぶのが同じ」そうですね。だから、さっきと同じで10通りとやってもいいです。試合数とおかしの選び方という異なる場面ですが、“5つの中から2つ選ぶ組み合わせであることが同じ”と解釈できていること、そして、“さっきと同じだからこれはこうなる”と考える時間を節約することは大事なことだと思います。

組み合わせの学習を始めたばかりなので、図をきちんとかいていくのもよいことですね。

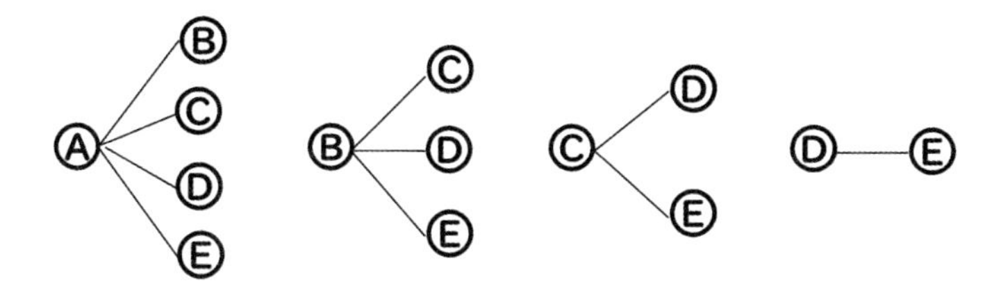

　この問題は、問題に与(あた)えられた記号の使い方もいいですね。記号に表せば何でもいいわけではなくて、これをもし㋐㋑㋒㋓㋔という記号にしていたらどうだろう？

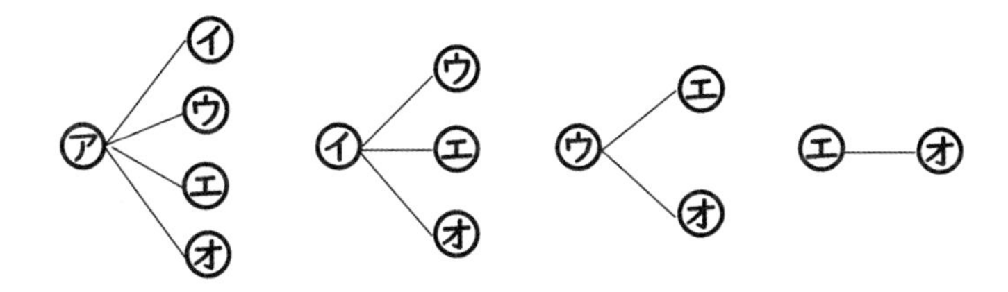

「どれがどれだか分からない」そうだよね。図を書いてみても、㋐と㋑が何と何の組み合わせなのかわかりにくいという現象が起きます。何通りかを求めるだけだったらそんなに影響(えいきょう)はありませんが、記号で表すときは頭文字をとるとか、わかりやすいものがいいですね。

さきさん、かずまさん、みみさん、ゆみさんの4人から、代表3人を選びます。選び方は全部で何通りありますか。

　まずは自分でやってみよう。
“すぐできたなぁ”と思っている人がいるみたいだね。どうしてすぐできるの？ 「4人から3人選ぶ選び方は、選ばれない残りの1人を決めるのと同じだから」そうだね。だから、1人残る人の選び方は4通りとすぐにわかりますね。

(6) 校外学習の経路

今度行く校外学習について考えるよ。

> 6年生は、校外学習でA博物館、B動物園、C国会議事堂に行きます。どのような順序で見学できますか。

さあ、考えてみよう。

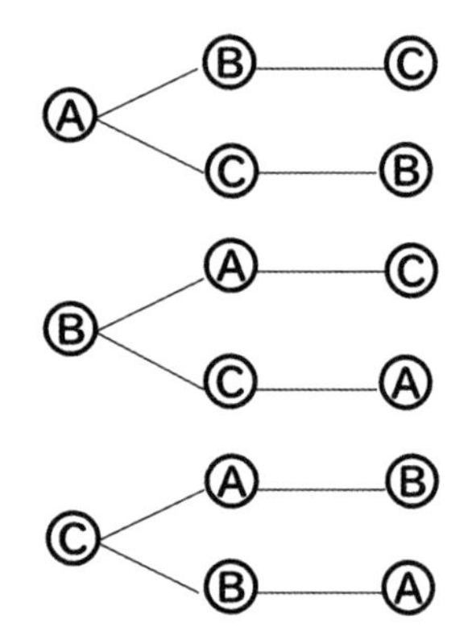

3つの並び方の問題だね。この3か所の位置を地図で見てみたらこういう位置関係でした。

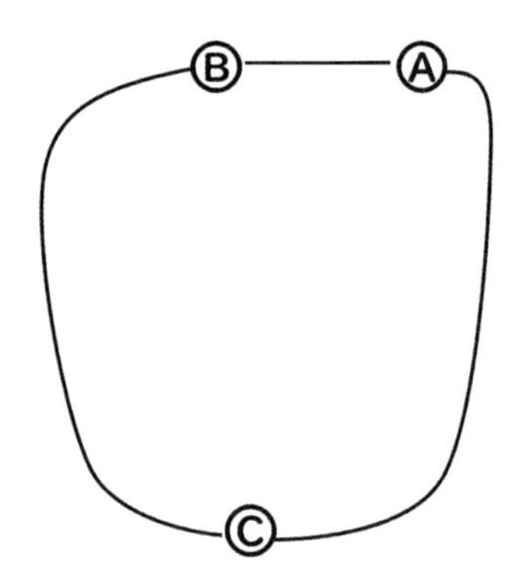

Ａの博物館とＢの動物園は近いので徒歩で移動します。ＡとＢをセットにして、Ａに行ったら次はＢへ、または、Ｂに行ったら次はＡへ行くことにしたら、どのような順序がありますか？

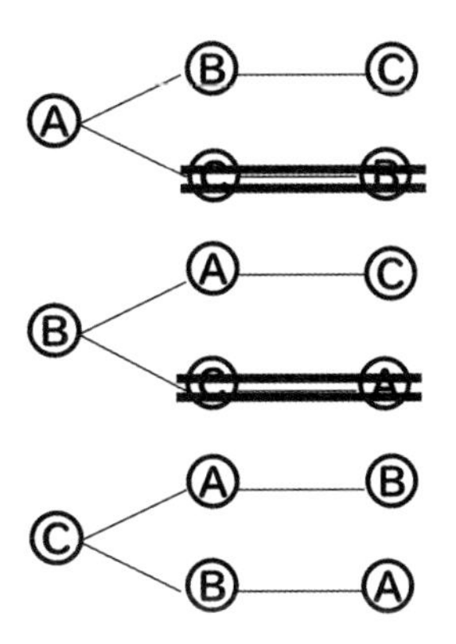

そうだね。さっきの樹形図を使って消していけばわかりやすいね。

出発地点を高速のＩＣのあるＳ地点とするよ。Ｓを出発してＳに戻(もど)るとき、いちばん短いのはどの経路でしょう。

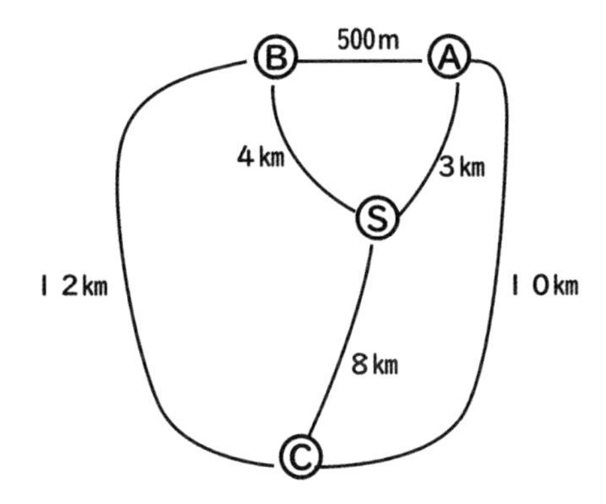

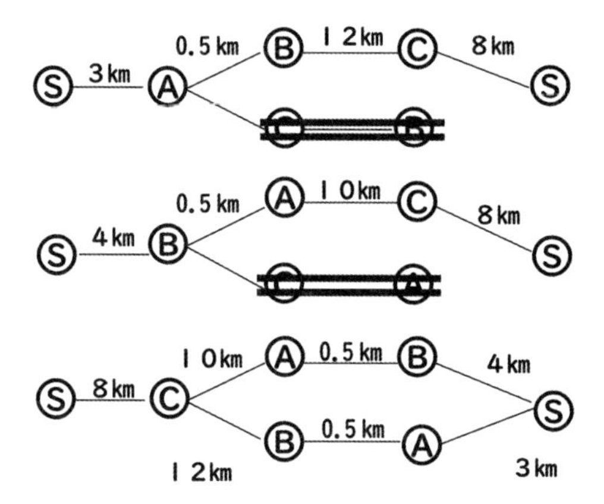

これも樹形図にかき込んでいくのがいいね。それぞれ合計を出してみよう。

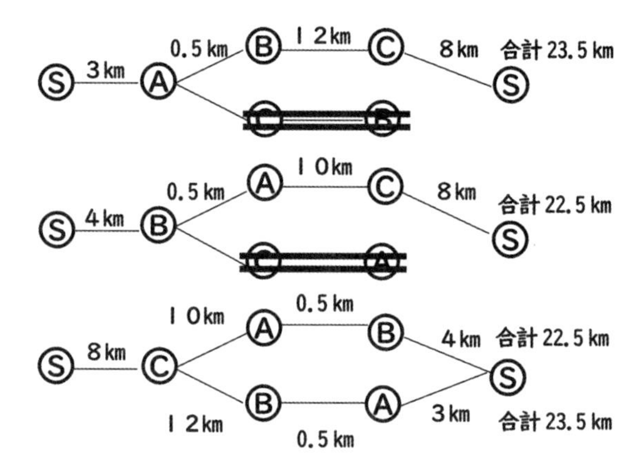

「Ｓ→Ｂ→Ａ→Ｃ→Ｓ」または「Ｓ→Ｃ→Ａ→Ｂ→Ｓ」が22.5kmで近いですね。「反対になってる」そうだね。反対だから当然道のりも一緒なんだね。

かかる時間も調べてみました。

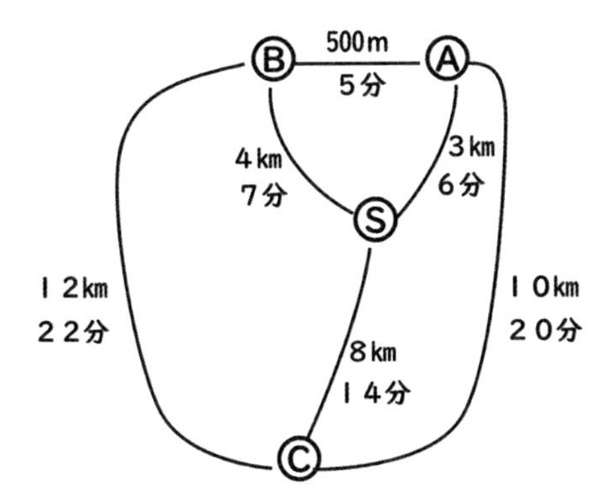

時間も考えるとどの経路がいいですか？

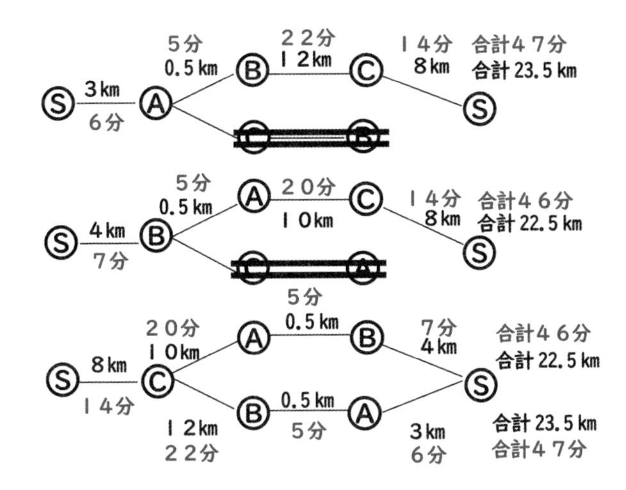

「経路が短いところがかかる時間も短いです」S→B→A→C→SまたはS→C→A→B→Sがどちらも46分だね。「Sに戻ってよければもっと速い経路があります」よく気がついたね。今回は戻らないという条件にしよう。

今回は現実の生活の中から問題を作って解いてみたよ。並べ方の問題に、道のりや時間も加わったけど、図を上手く使いながら整理すれば解決できるね。

(7) ワールドカップの予選

A、B、C、Dの4チームでサッカーの試合をします。どのチームとも1回ずつ試合をすると、全部で何試合になりますか。

同じ問題を(5)でやっているので、試合数が6試合となることはいいですね。サッカーワールドカップの予選も4チームでやりますので同じように6試合あります。2022年の日本の予選は、スペイン、ドイツ、コスタリカと対戦しましたね。まずはじめに日本が対戦したのは？「ドイツ」ドイツに歴史的な勝利をしました。その後、2戦目は？「コスタリカに負けた」そうだね。日本はそれで1勝1敗になりました。スペインはというと、コスタリカに大勝しました。しかしスペインはドイツと「引き分け」そう、予想外でしたね。ですから、2試合終わって、最後のスペイン戦がどうなるかとたいへん話題になりました。

順位	チーム名	スペイン	日本	コスタリカ	ドイツ	持ち点（得失点差）
1	スペイン			○7－0	△1－1	4（＋7）
2	日本			●0－1	○2－1	3（±0）
3	コスタリカ	●0－7	○1－0			3（－6）
4	ドイツ	△1－1	●1－2			1（－1）

決勝トーナメントに進めるのは上位2チームです。ここまで終わった時点で、“どのチームも決勝トーナメントに進める可能性がある”と言われていました。それってどういうことなのかを考えてみようと思います。まず日本からいくよ。日本はこの後どういう結果になったら決勝に進めるの？

まず？「勝てばいい」勝ちだったら、自動的にスペインが負けとなって、日本の決勝進出が確定しますか？「する」「しない」「どっちもありえる」勝っても進めない可能性があるの？
「勝っても、コスタリカとドイツの結果によってはいけないと思う」反論がある人？ 「日本がスペインに勝った時点で、スペインの勝ち点は4、日本は6、コスタリカは勝ったとしても6、だからコスタリカと日本が上がれる」どう？ 日本はスペインに勝った時点で上がれるか確定する？ 「する」そうだね。

では、スペインと引き分けだったら？ 「まず、スペインの勝ち点が5になって、日本は4になる。もしコスタリカが勝ったらコスタリカとスペインが決勝に行く。ドイツが勝ったら、勝ち点が4で並ぶから得失点差になる。ドイツが8対0とかで勝ったらドイツ」「つけたしで、コスタリカとドイツが引き分けた場合を考えてない。引き分けだったら日本とコスタリカが勝ち点4で並んで、得失点差でよっぽど点をとられなければ日本は上がれます」日本が勝ち上がれる場合はこれだけあるんだね。組み合わせの問題でいったらたった6試合しかありませんが、実際の結果は実に複雑で多様であるということがいえるね。

では、コスタリカが決勝に進む場合について考えてみよう。コスタリカが勝ち進む場合を漏れ落ちなくかいてみて。
「勝てばいける」勝ったらコスタリカは決勝進出確定するの？
「日本が勝ったらいけないんじゃない……」「もしコスタリカが勝ったら勝ち点6で、スペインが勝ったら勝ち点7でコスタリカは2位で上がれる。もし、日本が勝ってもスペインが勝ち点4、日本が6で日本とコスタリカが上がれる。引き分けでもスペイン5、日本4なのでコスタリカはいける」つまり、コスタリカが勝てば決勝進出が確定するね。

じゃあ、ここでみんなに質問です。“4チームのリーグ戦は2勝1敗だったら絶対上がれるの？”2勝したら絶対上がれるといえる？ いえない？ 「いえる」「いえない」どっち？ 2勝1敗でも上がれない可能性はあるの？

「2勝1敗が3チームあることもある」2勝1敗が3チームある場合ってあるの？　ない？　「ある」「ない」どっち？　考えてみて。

	A	B	C	D
A		×	×	×
B	○		○	×
C	○	×		○
D	○	○	×	

「例えば、Aチームが弱かったとして全部負けたら、2勝1敗が3チームになる」「あー、なるっ！」2勝1敗が3チームあることはありえるね。そうすると、2勝1敗だからといって上がれるとは？　「限らない」ね。

最後にドイツを考えると、1勝1敗1分けでも上がれることはある？　ない？　「ある」「もしドイツが勝てば、2位通過だ！」

分数の計算

（1）分数×整数

かべにペンキをぬります。1dLあたり$\frac{4}{5}$m²ぬれるとき、3dLでは何m²ぬれますか。

数直線にこの問題を表してみよう。

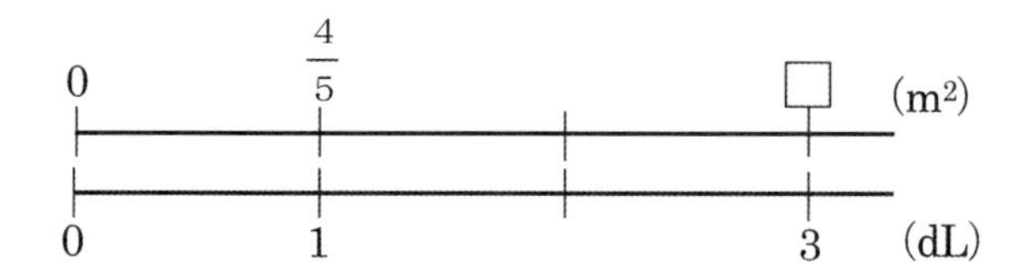

式を書いてみよう。どんな式になった？「$\frac{4}{5}$×3」$\frac{4}{5}$が3つ分で　×3という式になるね。今日はこの分数×整数の計算の仕方を考えていこう。

まず、$\frac{4}{5}$×3を$\frac{4}{5}+\frac{4}{5}+\frac{4}{5}$にして計算している人がいるね。これは分数のたし算なら学習してるからできるよね。しかも分母が同じだからすぐできるね。簡単なことのようですが、こうやって学習したことを使って説明できるのと、何もかけないのとでは大きなちがいがあると思います。これはいくつになるかな？「$\frac{12}{5}$」そうだね。かけ算をたし算にすればできるようになるね。これが1つの方法ですね。

2つ目を紹介（しょうかい）するよ。「$\frac{4}{5}$を小数にすると0.8だから、$\frac{4}{5}$×3を0.8×3にする」小数のかけ算も学習しているからできるね。いくつ？「2.4」ですね。

これまで学習した分数のたし算にするのもいいし、小数の計算にするのも確かにできるね。

ここで新たな問いとして、“分数のかけ算を分数のかけ算のまま計算できないのか”、ということを考えてみよう。

ノートに$\frac{4}{5}\times 3=\frac{4\times 3}{5}=\frac{12}{5}$としている人がいるけれども、“なぜそうしていいのか”を考えてみよう。

$\frac{4}{5}\times 3=\frac{4\times 3}{5\times 3}=\frac{12}{15}$ではないことを説明している人がいるみたいだね。確かに、$\frac{4}{5}\times 3=\frac{4\times 3}{5\times 3}=\frac{12}{15}$とも考えられそうだけど、まず、これではないことを説明できる人いる？

「$\frac{4}{5}$は小数にしてみたら0.8で$\frac{12}{15}$も小数にすると0.8だから」$\frac{4}{5}\times 3=0.8\times 3=0.8$になってしまい、おかしいということだね。確かにそうだね。これはちがうという確認ができたね。最初のたし算のやり方から答えが$\frac{12}{5}$とわかったから、答えからみても$\frac{4}{5}\times 3=\frac{4\times 3}{5}=\frac{12}{5}$の方があっているね。でも何で分母はそのままなのか？　説明できるかな？　「$\frac{1}{5}$が12個あるということだから」そうだね。$\frac{4}{5}$は$\frac{1}{5}$が4個あるということで、その3倍だから$4\times 3=12$となって、$\frac{1}{5}$が12個あるから$\frac{12}{5}$だね。このことは図にした方がよくわかるね。どんな図にするかな？

線分図や数直線を書いている子が多いようだけど、ここでは面積だから面積図にしてみるよ。

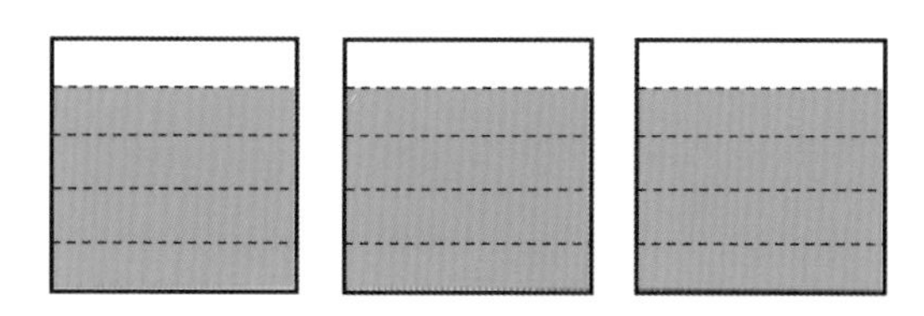

ここに4×3はありますか。$\frac{1}{5}$を1つ分と見れば、それが4×3で12個ありますね。この12は、$\frac{1}{5}$が12個だから答えは$\frac{12}{5}$。

$\frac{1}{5}$のいくつ分かを計算しているとみるから、分母はそのままにして分子だけ計算すると説明できるね。

(2) 分数÷整数

$\frac{4}{5}$㎡のへいをぬるのに、ペンキを2dL使います。このペンキ1dLでは、何m^2ぬることができますか。

これは、どんな式になりますか？ 「$\frac{4}{5} \div 2$」そうだね。分数÷整数の計算になるね。どのように計算したらいいだろう。

小数にしてやっている人がいるね。「$\frac{4}{5} = 0.8$だから$0.8 \div 2$」この小数の計算は学習しているからできるね。「0.4」だね。こんなふうに小数にして計算することは確かにできるけど、分数のまま計算することはできないだろうか。そういう疑問が出てくるね。分数の計算方法を生み出したいというか。どうしようか？ 「図でかきたい」そうか。

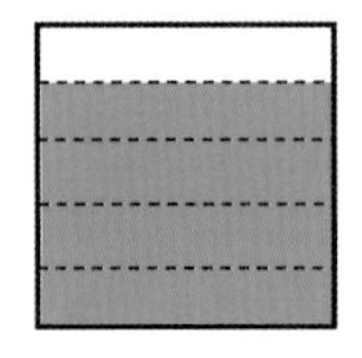

「$\frac{1}{5}$が4個集まって$\frac{4}{5}$だから、それを÷2するわけだから$4 \div 2$で、$\frac{1}{5}$が2個になる。だから$\frac{2}{5}$」「分母はそのまま計算できる」

今言ったことを式にすると、$\frac{4}{5} \div 2 = \frac{4 \div 2}{5}$とできるということだね。「えっ？」「できるよ」「できないよ」どっち？ ここまでの説明を式に表したらこれでいいと考えられるね。これは前回の分数×整数と一緒ですよね。しかし、これでは困ることが起こるよね。わり算ですから。「われないときがある」「われないときどうするか」そうだね。問題をこう変えてみよう。

$\frac{4}{5}$ m² のへいをぬるのに、ペンキを3 dL使います。このペンキ1dLでは、何m²ぬることができますか。

この場合、式は？「$\frac{4}{5} \div 3$」そうだね。そうすると、さっきやったように$\frac{4}{5} \div 3 = \frac{4 \div 3}{5}$とすると「われない」という問題が起きるね。こういうときはどうするか？ 考えてみよう。「4÷3を小数にして考える」確かにそれもできないこともないけど、でも、分数の計算で処理することはできないだろうか。分数の計算として処理するには何をすべきなのか？「通分」そう。通分すればわれるようにできない？ 今は4だから3でわれないんだよね。だけど、$\frac{4}{5}$というのは通分して別の分数に変身できるよね。変身させて3でわれる分数にしちゃおうよ。いくつにすればいいか？

「$\frac{12}{15}$」そうだね。$\frac{12}{15}$に変身すれば3でわれるようになるね。

$\frac{4}{5} \div 3 = \frac{12}{15} \div 3 = \frac{12 \div 3}{15} = \frac{4}{15}$ こうすれば、分母はそのままで計算することができるね。これを図にしたらどうなる？

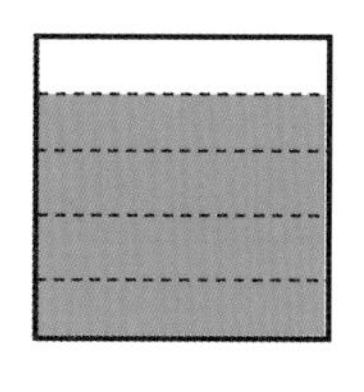

$\frac{4}{5}$

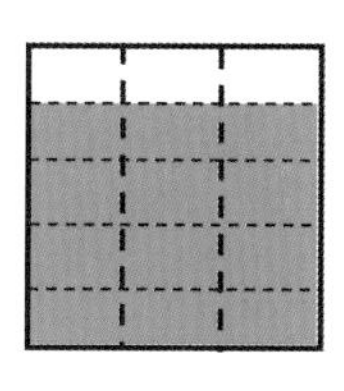

$\frac{12}{15}$

こうすれば確かに3でわれなかったものがわれるようになるね。この通分の作業を詳(くわ)しく式に書いてみるよ。

$$\frac{4}{5} \div 3 = \frac{4 \times 3}{5 \times 3} \div 3 = \frac{4 \times 3 \div 3}{5 \times 3} = \frac{4}{5 \times 3}$$

こうなって、結果として“÷3”は？「分母に“×3”となって現れる」ことになるね。“÷整数は分母にかける”ことを覚えるだけなら2分で終わる学習だけど、なぜそうなるのかを理解し、説明できることを大事にしたいね。

(3) 分数×分数

> へいにペンキをぬります。1dLあたり$\frac{4}{5}$m²ぬれます。このペンキ$\frac{2}{3}$dLでは、何m²ぬれますか。

この問題は、もしペンキの量が$\frac{2}{3}$dLじゃなくて2dLだったら、どんな式になるかな？ 「$\frac{4}{5}\times 2$」そうだね。じゃあ、3dLだったら？ 「$\frac{4}{5}\times 3$」数直線に表してみよう。

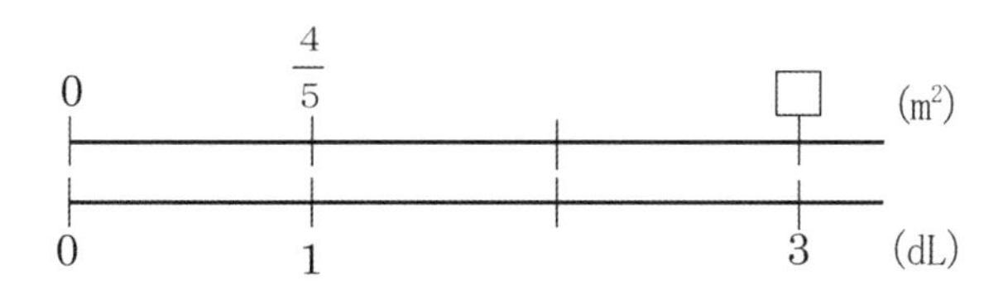

それでは、ペンキが$\frac{2}{3}$dLのときはどんな式になる？ 「$\frac{4}{5}\times\frac{2}{3}$」そうだね。分数になっても、2dLや3dLのときと同じようにかけ算の式で表せるね。

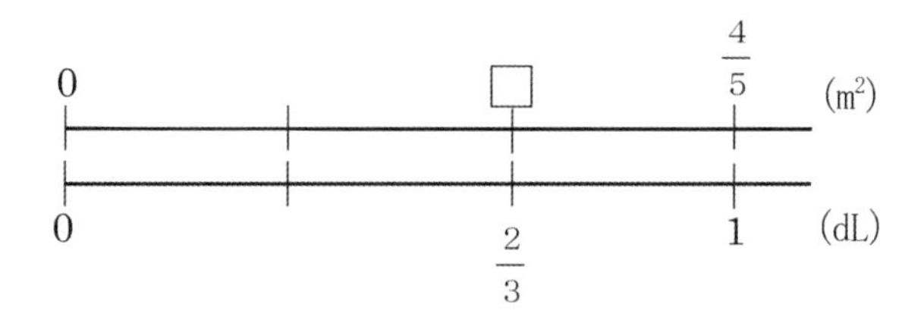

これまで分数×整数、分数÷整数を学習してきたけど、今日は分数×分数について、どのように計算したらいいかを考えてみよう。

小数にして計算しようと考えた人がいるね。$\frac{4}{5}=0.8$としたけど、$\frac{2}{3}=0.666$……となって困ってしまったようだね。そう考えた人は失敗したわけではなくて、“小数ではうまくいかないということがわかった”ということだね。やはり、“分数の計算は分数のまま処理していけないのか”という疑問が出てくるね。どうすればいいんだろう？

「前回通分を使ったから今回も通分する」前回使えたから今回も使ってみようとするのはいい試みだけど、前回は$\frac{4 \div 3}{5}$が割れないから3で割れるようにするために通分したんだよね。今回は通分する理由がないね。「分母だけ通分する」と書いている人もいるけど、なぜそうしていいのか理由がいえていないね。合っているものだけ授業で取りあげて学習するのでなく、間違っているものを取りあげてなぜ間違ったか、たりないものを取りあげて何がたりないのかを考えてみることも大事だね。「$\frac{4 \times 2}{5 \times 3}$」とやり方をもう知っている人もいるみたいだけど、なぜそうしていいのかを説明できるといいね。

「分数×整数のとき、例えば$\frac{4}{5} \times 3$だったら、3というのは分数で表すと$\frac{3}{1}$だから、$\frac{4}{5} \times 3 = \frac{4}{5} \times \frac{3}{1}$となって、この答えは$\frac{12}{5}$だとわかっているから、分母どうし、分子どうしをかけているといえる」なるほど。これは確かにそうだね。“そうかもしれない”という推測でしかないけれども、説明にはなっているね。

「意味を考えると、$\frac{4}{5} \times \frac{2}{3}$は$\frac{4}{5}$を3等分したものが2つあるということ」なるほど。これを図で表そうとした人がいるね。どんな図になる？　書いてみて。

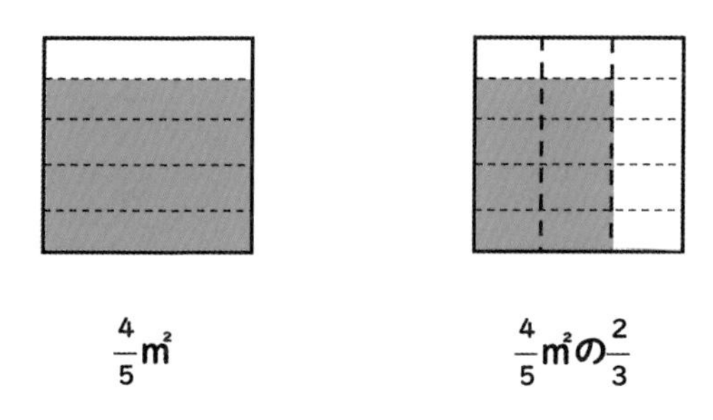

式にすると、$\frac{4}{5}m^2$を3つに分けた2つ分だから、$\frac{4}{5} \div 3 \times 2$と表せるね。あとは今まで習った分数÷整数と分数×整数を使って、計算できる。

$$\frac{4}{5} \times \frac{2}{3} = \frac{4}{5} \div 3 \times 2$$

$$= \frac{4}{5 \times 3} \times 2$$

$$= \frac{4 \times 2}{5 \times 3}$$

このようなことから、結果的には分母どうし、分子どうしをかければいいことがわかるね。

さらに別の考えをした人がいるので紹介するね。

「$\frac{2}{3} = 2 \div 3$と表せることを5年生で学習したので、それを使って、$\frac{4}{5} \times \frac{2}{3} = \frac{4}{5} = \times 2 \div 3$にする」

これも説明としてはいいですね。

分母どうし、分子どうしをかけるという計算の手順だけ覚えるならすぐ終わる学習だけど、それでは計算はできるようになるかもしれないけど、ものを考えられるようにはならない。だから、“考えられる”“なぜそうなのかを説明できる”、そういうふうに学習を進めていこう。

(4) 分数÷分数①

ここまで、分数×整数、分数÷整数、分数×分数とやってきたけど、残っているのは？「分数÷分数」だね。今までは、先生が問題を出して、それをもとに考えてきたけど、今回は先生からは問題を出しませんから、みなさんで分数÷分数を作って考えてみよう。

これだったら簡単に答えをだせるという式を1ついって。「$\frac{6}{7} \div \frac{3}{1}$」これは÷3と同じだから答えは？「$\frac{2}{7}$」そうだね。

$\frac{6}{7} \div \frac{3}{1} = \frac{2}{7}$

他にどんなのがある？「$\frac{4}{5} \div \frac{4}{5}$」$\frac{4}{5} \div \frac{4}{5}$は答えがいくつになるかわかる？「わかる。1」「同じ数を同じ数でわるから」そうだね。「それなら$\frac{1}{2} \div \frac{1}{2}$も$\frac{1}{3} \div \frac{1}{3}$も1」そうだね。わられる数とわる数が同じじゃないものは？「$\frac{2}{3} \div \frac{1}{3}$」いくつになる？

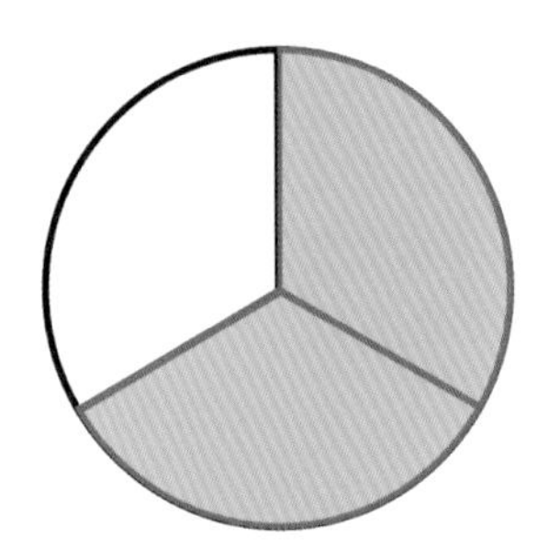

「2」。$\frac{2}{3}$の中に$\frac{1}{3}$は2個あるね。$\frac{2}{3} \div \frac{1}{3} = 2$

$$\frac{6}{7} \div \frac{3}{1} = \frac{2}{7} \qquad \frac{4}{5} \div \frac{4}{5} = 1 \qquad \frac{2}{3} \div \frac{1}{3} = 2$$

これらの式から、分数÷分数の計算はどういうふうにやると予想できる？　「$\frac{6}{7} \div \frac{3}{1} = \frac{6 \div 3}{7 \div 1}$」そうだね。

$\frac{4}{5} \div \frac{4}{5} = 1$でも同じことがいえる？　「$\frac{4}{5} \div \frac{4}{5} = \frac{4 \div 4}{5 \div 5} = \frac{1}{1} = 1$」

$\frac{2}{3} \div \frac{1}{3} = 2$だったらどう？　「$\frac{2}{3} \div \frac{1}{3} = \frac{2 \div 1}{3 \div 3} = \frac{2}{1} = 2$」できるね。言葉でいうと、分数÷分数はどのように計算すると考えられる？「分子どうし、分母どうしでわっている」そうだね。分数÷分数は、分子どうし、分母どうしをわればできると考えられます。ところが、これだと困ることが出てくるね。「われないときが出てくる」そうだね。われないときはどうしたらいいのだろう？　われない場合の式を一つ作ってみよう。$\frac{4}{5} \div \frac{5}{3}$だったら、

$$\frac{4}{5} \div \frac{5}{3} = \frac{4 \div 5}{5 \div 3}$$

となってわれない。われるようにしたいね。前もこんなことあったね。どうしたらいい？　「われるように$\frac{4}{5}$を通分すればいい」いくつに変身すればいいの？　分母は3でわれるようにしたい。分子は5でわれるようにしたい「3と5の最小公倍数だ」「15だ」

$$\frac{4}{5} \div \frac{5}{3} = \frac{4 \div 5}{5 \div 3} = \frac{4 \times 15 \div 5}{5 \times 15 \div 3} = \frac{60 \div 5}{75 \div 3} = \frac{12}{25}$$

3でも5でもわれるように×3と×5をしているわけだね。これを式で表すと、

$$\frac{4}{5} \div \frac{5}{3} = \frac{4 \div 5}{5 \div 3} = \frac{4 \times 3 \times 5 \div 5}{5 \times 3 \times 5 \div 3} = \frac{4 \times 3}{5 \times 5}$$

となって、最初と最後を見比べれば？　「ひっくり返ってる」

何をしたかは以前といっしょで、われるように通分したんだね。それで途中相殺（そうさい）されて、ひっくり返ってかけることになる。こういう事情で÷分数はひっくり返ってかけるんだと説明できるね。

今日は、先生から問題を出さないで、みんなで式を立てながら÷分数がなぜひっくり返ってかけるのかを解明しました。

(5) 分数÷分数②

今回は文章問題をもとに、場面の中で“÷分数”を考えていこう。

$\frac{2}{5}$ m²ぬるのにペンキを$\frac{3}{4}$dL使います。このペンキ1dLでは、何m²ぬれますか。

もし、$\frac{2}{5}$ m²ぬるのにペンキを2dL使うとしたら、どんな式になる？　「$\frac{2}{5} \div 2$」そうですね。

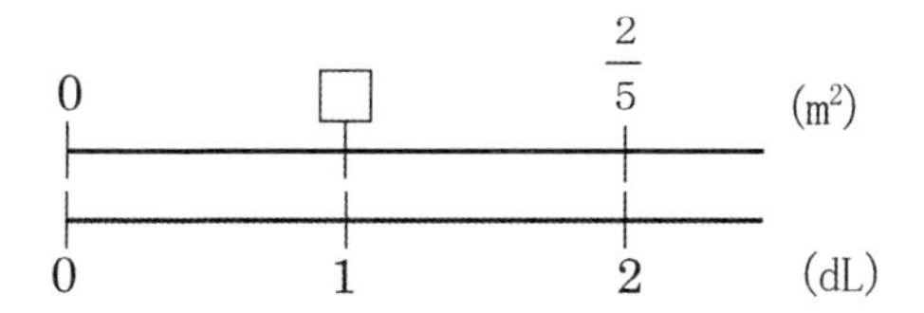

わり算は“1にあたる量を求める計算”と5年生の小数のわり算で学習しています。わる数が小数になっても分数になっても、わり算は“1にあたる量を求める計算”ですから同じように式が立てられるね。

$\frac{3}{4}$ dLのときの式は？　「$\frac{2}{5} \div \frac{3}{4}$」そうだね。

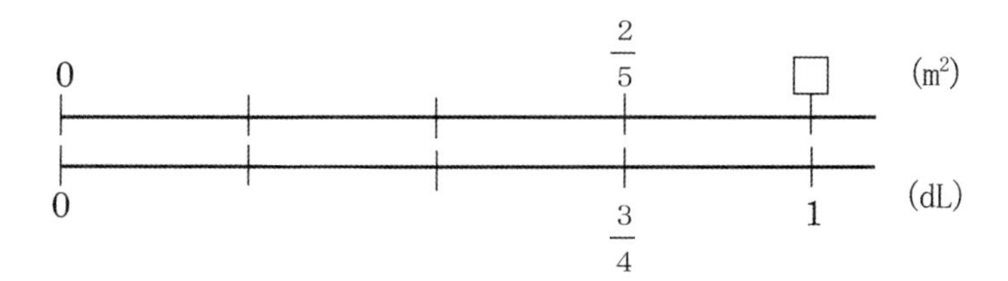

この$\frac{2}{5}\div\frac{3}{4}$がどのくらいになるのかを図を使って考えてみよう。

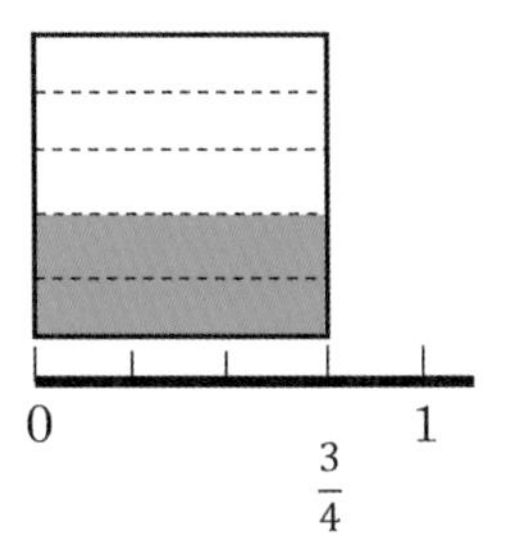

$\frac{2}{5}$ m²を書いて、その下に数直線をかいてみると、1dLでぬれる面積はどのように表せる？

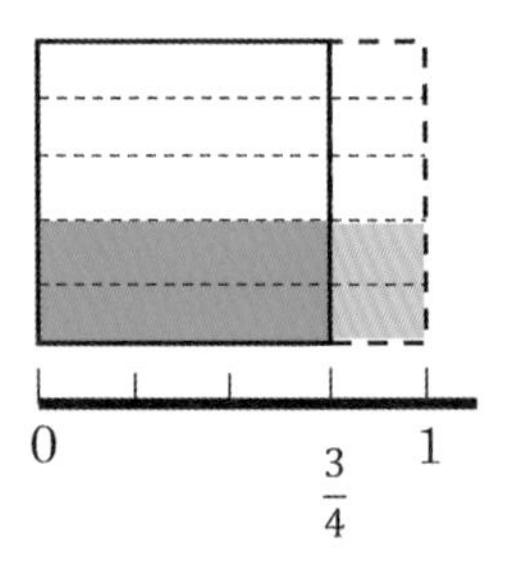

図の1dLまでがいったい何分の何m²にあたるかが、1dLでぬれる面積であり、$\frac{2}{5}\div\frac{3}{4}$の答えですね。

まず、$\frac{1}{4}$ dLでぬれる面積はどのように表せる？

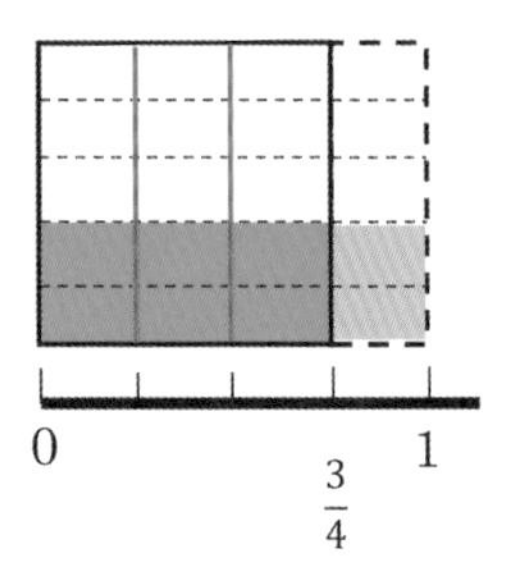

$\frac{2}{5}$ m^{2}を3等分すればいいね。式で表すと「$\frac{2}{5} \div 3$」となりますね。1dLでぬれる面積はその4倍だから、「$\frac{2}{5} \div 3 \times 4$」となるね。つまり$\frac{3}{4}$でわることは、3でわって$\frac{1}{4}$にあたる量を求めてから、それを4倍するということだね。

$\frac{2}{5} \div \frac{3}{4} = \frac{2}{5} \div 3 \times 4$となって、分数÷整数と分数×整数はもうわかっているね。

$$\frac{2}{5} \div \frac{3}{4} = \frac{2}{5} \div 3 \times 4 = \frac{2}{5 \times 3} \times 4 = \frac{2 \times 4}{5 \times 3}$$

この式の最初と最後の部分を見れば、$\div \frac{3}{4}$が$\times \frac{4}{3}$となっていることがわかります。結局、÷分数は逆数をかける計算となるね。

このように、分数÷分数は、分数÷整数と分数×整数を使って説明できました。このように、これまでに学習したことを使って、次の学習を自分達で解決したり説明したりしていくのが算数なんだ。そういう学問なんです。だから、塾（じゅく）などで先の学習をしている人でも、その日の学習がどこまでの知識を使って考え、説明していくのかを把握（はあく）した上で学びを進めなければ、これまでに学習したことを使って次の学習を自分達で解決していくこと自体を学ぶことが難しくなってしまうんだ。

(6) 1より小さい数でわると

$\frac{3}{5}$ mの重さが24gの針金があります。この針金1mあたりの重さは？

数直線をかいてみよう。

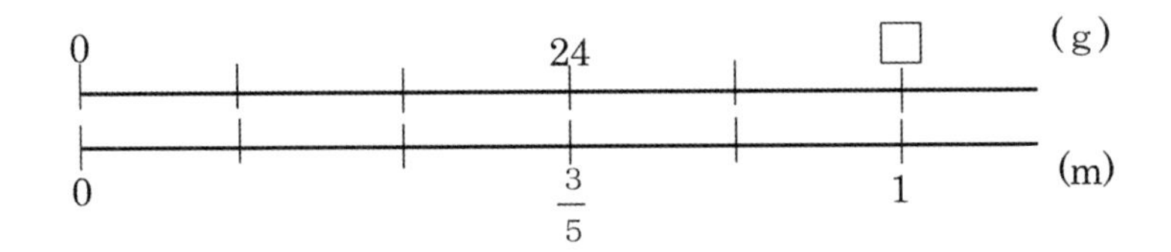

下にmの単位をとって、上にgの単位をとるね。$\frac{3}{5}$ mの重さが24gだから対応させてかくよ。それで、1mはどこ？ $\frac{3}{5}$より右側だね。1mのときの重さを求めるから、対応するところが□またはxとなって、そこを求めるんだね。

式は？ わり算とは何かということをきちんと理解できていれば、わり算とは1にあたる量を求める計算であるから、すぐ$24 \div \frac{3}{5}$でいいことがわかるね。

もし、そうでなければ、こういう図を見て“増えるからかけ算だ”ってかんちがいしちゃう場合があるんだ。

かけ算って増えるイメージ。わり算って分ける計算だから減るイメージがあるでしょ。でも、わり算は1より小さい数でわると？ 「増える」ということをおさえておこう。

もし、それでも式が$24 \div \frac{3}{5}$とわからなそうな人は、比例関係を使って式を立てるのもよいです。

ここでは長さが2倍になれば重さも2倍になるよね。だから、長さを$\div\frac{3}{5}$すれば重さも$\div\frac{3}{5}$になる。それで□を求める式は24$\div\frac{3}{5}$となるんだ。

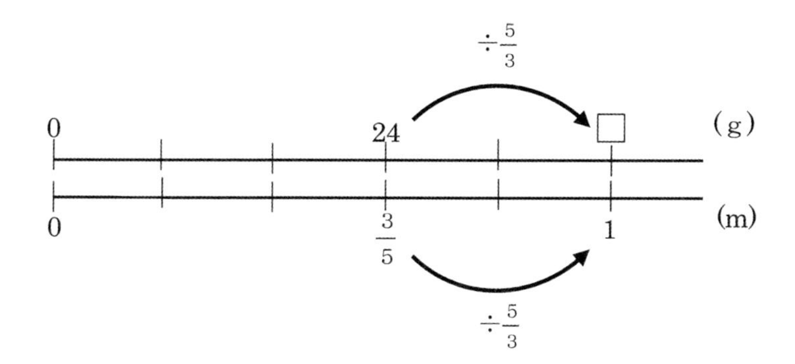

かけ算でみることもできるね。$\frac{3}{5}$を$\frac{5}{3}$倍すれば1になるね。長さが$\frac{5}{3}$倍だから、重さも$\frac{5}{3}$倍になる。だから□＝$24\times\frac{5}{3}$

$24\div\frac{3}{5}$も、$24\times\frac{5}{3}$も等しいことは、$\div\frac{3}{5}$が$\times\frac{5}{3}$となることからもわかるね。

(7) あまりがあったら

$3\frac{1}{2}$枚のピザを1人に$\frac{1}{3}$枚ずつ配ると、何人に分けられて何枚あまるか。

さあ、考えてみよう。

「できました」合っているか確かめよう。「見てください」合っているかどうかを先生に判定してもらうのと、合っているか自分で確かめられる、確証が得られるというのはどっちがよりよいこと？「確かめました」本当？じゃあ、先生が見るよ。はい、ちがってるね。「えー！？」じゃあ、みんなに聞いてみるよ。式はどうなる？

「$3\frac{1}{2} \div \frac{1}{3}$です」みんなどう？「いい」そうか。じゃあ、この計算してみるね。

$$3\frac{1}{2} \div \frac{1}{3} = \frac{7}{2} \div \frac{1}{3}$$

$$= \frac{7}{2} \times \frac{1}{3} = \frac{21}{2} = 10\frac{1}{2}$$

これで、答えはどうなるの？「10人に分けられて$\frac{1}{2}$枚あまる」そうか。これと同じ人がけっこういたね。どうかな？合っているかな。その確かめもどうやったらいいかわからないという人がいるみたいだけど、誰(だれ)か、何をしたら確認できるか教えてくれる？

「あまりが$\frac{1}{2}$というのは、$\frac{1}{3}$よりも大きいから変」そうだよね。$\frac{1}{2}$もあまったら、まだ$\frac{1}{3}$がとれるよね。あまりはわる数よりも小さくなるということをよく理解しているね。

「$\frac{21}{2}$というのは、何人に分けられるかを計算したから、単位は人」みんなわかった？そうだね。これは$10\frac{1}{2}$人に分けられるということだね。じゃあ、あまりはいったい何枚なんだ？

どうしたらいい？　こんなときは？「図をかく」そうだよね。じゃあ、かいてごらん。

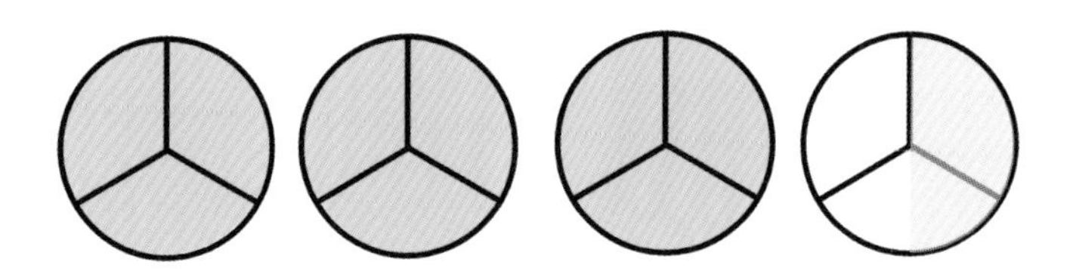

どう？　あまりはわかった？

10人に分けられてあまりはこれだけだね。これは何分の何といえるんだろう？「$\frac{1}{6}$」どうやったら$\frac{1}{6}$とわかるの？「$\frac{1}{2}$人分だから、1人分が$\frac{1}{3}$でその半分は$\frac{1}{6}$」つまり、この$\frac{1}{2}$は、$\frac{1}{2}$人分って言ってたけど、$\frac{1}{3}$枚の$\frac{1}{2}$ということなんだね。すると、この問題の答えはどうしたらいい？「10人に分けられて$\frac{1}{6}$枚あまる」ということになるね。

問題の状況（じょうきょう）からみて、そこまで難しい問題ではないみたいだけど、それでも、多くの人が間違えちゃったね。この問題を振り返ってみて、どんなことが大事だといえるかな？

「間違っていないかを確かめてみること」そうだね。“あまり”に着目して自分でちがっていることに気付いた人がいたね。他にも、“何を求めたのか”を理解できいていた人は、$10\frac{1}{2}$というのが、何人に分けられたかを計算したもので、単位は“人”であることに気付いていたね。そういうところに着目しながら、自分で合っているかを確かめることができることが大事だね。先生に確かめてもらうよりも、自分で確かめられるようになるといい。

“おもひでぽろぽろ”の主人公タエ子は、算数が苦手だって自分で言っていたけど、「分数でわるってどういうこと？」っていう疑問を自分でもち、それを自分で図をかいて考えていたね。そういうところはものを考えるという点ではとてもすばらしいことで、タエ子はよく考えられる子どもだと先生は思うよ。

体　積

角柱、円柱の体積が底面積×高さで求められる理由を説明します。㋐～㋖を並べかえて説明をつくりましょう。

㋐四角柱や五角柱、六角柱など、全ての角柱は三角柱に切り分けることができる。

㋑円柱は、細かく切って並べることで長方形を底面にもつ四角柱とみることができる。

㋒÷2を移動することで、（底辺×高さ÷2）×高さとなり、**底面積×高さ**と式を読みかえることができる。

㋓円柱の体積も**底面積×高さ**で求めることができる。

㋔底面が直角三角形の三角柱の体積は、直方体の半分とみて、（たて×横×高さ）÷2で求められる。

㋕底面が直角がない三角形の三角柱のときは、底面の三角形を直角三角形2つに切ることで、**底面積×高さ**で体積を求めることができる。

㋖全ての角柱は、**底面積×高さ**で体積を求めることができる。

これまでに体積といったら、直方体の体積＝縦×横×高さ、立方体の体積＝1辺×1辺×1辺で求められることを学んでいるね。ここでは、どうして**底面積×高さ**で体積が求められるのかを考えていこう。

㋐〜㋖をざっと読んでみて、スタートにくるのはどれだろう？「㋔」そうだね。どうしてそういえる？「底面が直角三角形の三角柱は、直方体の半分だから、いちばん基本的な図形だから」なるほど。“直方体”という基本図形を扱っていることからも、すぐに体積の求められそうな図形だと見当がつくね。

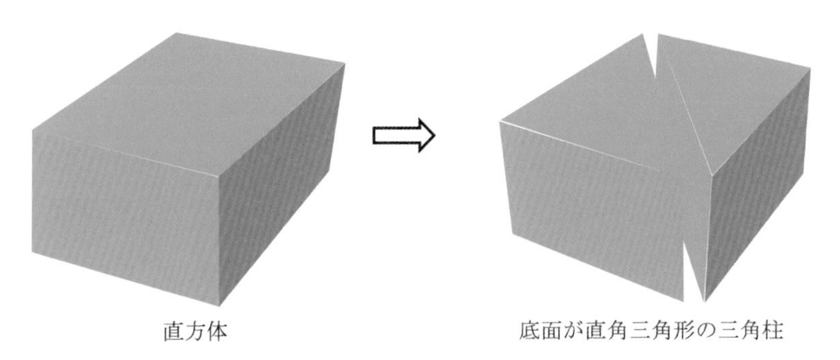

直方体　　　　底面が直角三角形の三角柱

底面が直角三角形の体積は、直方体の半分とみることで、（縦×横×高さ）÷2で求められるね。

次にくるのは？「㋒」どうして？「÷2を移動することで、（底辺×高さ÷2）×高さという式になるといっているから、さっきの÷2を移動する」（縦×横×高さ）÷2の÷2を移動するの？　どこに？「（縦×横÷2）×高さ」これと“（底辺×高さ÷2）×高さ”は同じなの？「同じ」なんで？「底面の長方形の縦と横は、半分に切った直角三角形の底辺と高さだから」

そうか。そうすると、この場合は

（縦×横÷2）×高さ＝（底辺×高さ÷2）×高さ

↑底面の高さ　↑立体の高さ

と変換できる。それで？「（底辺×高さ÷2）＝底面積×高さと読みかえる」“底面積×高さ”という式が出てきたね。ここまでで、底面が直角三角形の三角柱は底面積×高さで求められることがいえたね。

次は？「㋕の、底面が直角がない三角形の三角柱のときは、底面の三角形を直角三角形2つに切ることで、**底面積×高さ**で体積を求めることができる」どういうこと？　「底面が直角がない三角形ということは、普通の三角形。例えば……」

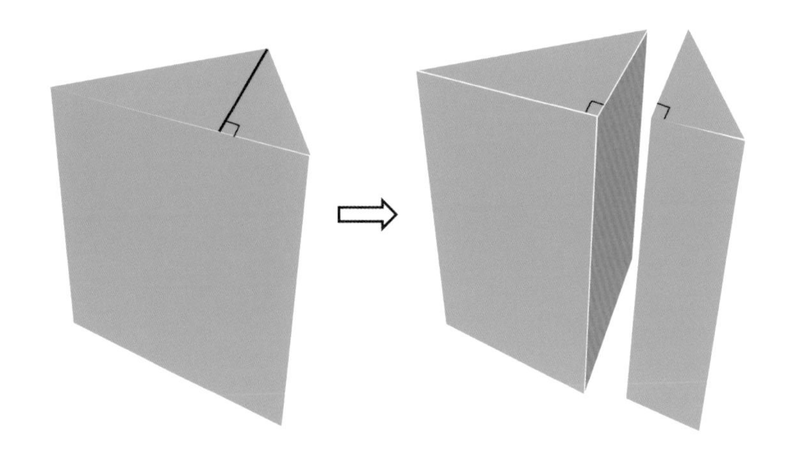

「こんな三角形だったら、こういうふうに線を引けば直角三角形2つに分けられる」なるほど。頂点から垂線をおろすんだね。これって、どんな三角形でも直角三角形2つに分けられるの？「はい」本当？　ちょっと調べてごらん。「分けられる！」ということは、普通の三角形を底面にもつ三角柱は、直角三角形を底面にもつ三角柱2つに切れば、それぞれ底面積×高さで計算できるね。2つの底面積をまとめて計算するとやっぱり“**底面積×高さ**”で体積が求められるといえるね。これで、どんな三角形を底面にもつ三角柱の体積も**底面積×高さ**でよいことがいえたね。

次は？　「㋐の、四角柱や五角柱、六角柱など、全ての角柱は三角柱に切り分けることができる」

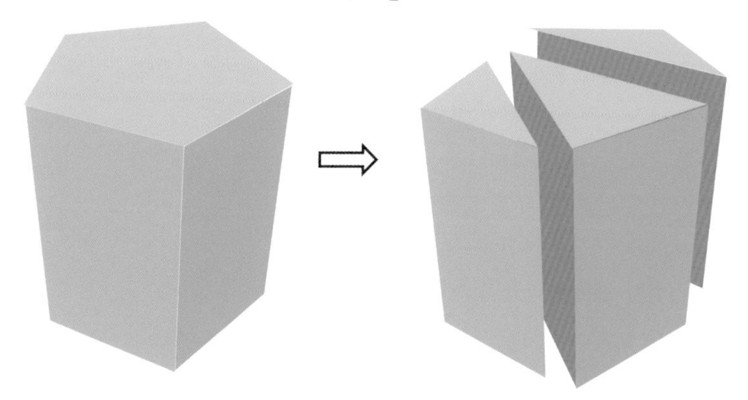

切り分けたら何がいえるの？　「三角柱の体積が**底面積×高さ**で求められるから、何角柱でも**底面積×高さ**で求められることになる」ということは㋐の次は？　「㋖の、全ての角柱は、**底面積×高さ**で体積を求めることができる」そうだね。これで、全ての角柱について、**底面積×高さ**が使えることがいえました。

角柱が全部いえたから次は？　「円柱」「㋑」どういうこと？

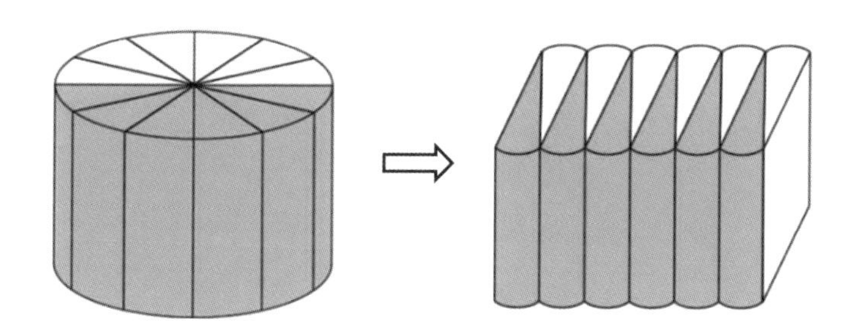

なるほど。円の面積の学習でやったのと同じだね。だから円柱の場合も、等積変形して四角柱に変形できるから、**底面積×高さ**が使えるといえるね。これで全ての角柱や円柱の体積は**底面積×高さ**で求められることがいえました。最後は㋓だね。

おわりに

本書では、読みものにする都合上、実際の授業とは異なるところがあります。例えば、紙面上では問題を出したらすぐにやりとりを始めていますが、実際の授業では問題を提示したらすぐに何かやりとりしているわけではなく、自分で考える時間をとっています。まずは自分で考えることが大切なことだと考えているからです。問題を子どもと一緒につくっていくこともあります。問題の出し方についても、パッと出したり条件を確認しながらゆっくり出したりと、問題の内容や実態に合わせていろいろです。時には話し合いをもったり、子どもが前に出て発表したりもします。

また、教師主導で進んでいく授業として書いていますが、実際は子どもが主体として進む授業もあるし、グループで考えていくような授業もあります。そういう授業はこれから増えていくのかもしれません。

私は、秋山仁先生の本をきっかけに算数・数学にのめり込んでいきました。この本が、算数・数学をもっと学びたいと思うきっかけになってくれたら幸いです。この本を通して、少し難しい言葉を使いますが、数学的な考え方と数学的な態度を醸成することが少しでもできればと願っています。

最後に、これまでご指導くださった多くの先生方や一緒に学んでくれた子ども達に感謝申し上げます。本当にありがとうございました。

廻　正和

著者プロフィール

廻　正和（めぐり　まさかず）

1979年、千葉県生まれ。
千葉大学教育学部卒業。
2019年から2022年まで千葉大学教育学部附属小学校教諭。
現在は千葉県公立学校教諭。
日本数学教育学会出版部幹事、新算数教育研究会調査統計部幹事等を歴任。

考え抜く算数教室　小学3年から

2024年6月15日　初版第1刷発行

著　者　廻 正和
発行者　瓜谷 綱延
発行所　株式会社文芸社
〒160-0022　東京都新宿区新宿1－10－1
電話　03-5369-3060（代表）
03-5369-2299（販売）

印刷所　図書印刷株式会社

ISBN978-4-286-25349-7